AU PAYS ET AUX CHAMBRES,

LE COMICE HIPPIQUE.

LA

QUESTION CHEVALINE

CONSIDÉRÉE

SOUS LE POINT DE VUE

NATIONAL, AGRICOLE, ÉCONOMIQUE ET MILITAIRE.

Imprimerie de BUREAU, rue Coquillière, 22.

LA QUESTION CHEVALINE

CONSIDÉRÉE

SOUS LE POINT DE VUE

National, Agricole, Économique et Militaire.

PARIS,

IMPRIMERIE DES ARTS AGRICOLES.

BUREAU, successeur d'Everat, rue Coquillière, n. 22.

1843.

ORDRE DES MATIÈRES.

CHAPITRE DEUXIÈME.

CHAPITRE TROISIÈME.

—

NOMS DES MEMBRES

COMPOSANT

LE COMICE HIPPIQUE.

MM. le lieutenant général duc DE GRAMONT, président;
Le lieutenant général comte DE GIRARDIN, vice-président;
Le lieutenant-colonel DE ROCHAU, secrétaire;
Le baron DE CURNIEU;
DE CHAMPAGNY, inspecteur général des haras;
DAILLY, maître de la poste aux chevaux de Paris;
DARBLAY, membre de la chambre des députés;
Le baron DARU;
Le comte DE HOCQUART;
IVART, inspecteur général des écoles vétérinaires de France;
Le baron de LAUSSAT;
Le comte de LANCOSME-BRÈVES;
Le duc DE LAROCHEFOUCAULT-LIANCOURT;
Le duc DE MARMIER, membre de la chambre des députés;
Le comte DE MONTENDRE, inspecteur général des haras;
Le comte DE MORNY, membre de la Chambre des députés;
Le marquis DE MIRAMON;
RENAULT, directeur de l'école royale vétérinaire d'Alfort;
Le comte DE LA TOUR DU PIN;
Le marquis DE TORCY, rapporteur.

LA

QUESTION CHEVALINE

CONSIDÉRÉE

SOUS LE POINT DE VUE

National, Agricole, Économique et Militaire.

GRAVITÉ DE LA QUESTION.

La question chevaline, qui a vivement préoccupé l'opinion publique, doit appeler les méditations de nos hommes d'état, et fixer l'attention des esprits sérieux, qui savent descendre au fond des choses.

Jusqu'ici l'on n'a point suffisamment apprécié la gravité de cette question, et cependant, ainsi que l'a dit si justement à la tribune un honorable général : « *Elle* « *est d'une importance toute nationale*, elle intéresse à « la fois l'agriculture, l'industrie et l'armée ; et la so- « lution des difficultés qu'elle fait naître doit influer « puissamment sur la prospérité du pays ; puisqu'il « s'agit d'un des principaux éléments de sa richesse « et de sa force. »

Le conseil général d'agriculture, défenseur vigilant

et zélé des intérêts qu'il représentait, a, le premier, ouvert une discussion dans laquelle la presse, les chambres et l'administration sont intervenues.

Quel a été le résultat de cette intervention? Le mal signalé de toute part a-t-il disparu, le remède est-il découvert? L'armée, le commerce doivent-ils trouver de nouvelles ressources dans cette production qu'ils accusaient jusqu'ici d'insuffisance : et la production elle-même a-t-elle reçu des encouragements qui garantissent son développement et lui assurent la juste rémunération de ses efforts?

Si les intérêts des producteurs ont été négligés, le gouvernement a-t-il, par quelque grande mesure législative ou administrative, modifié l'état des choses, de manière à préserver l'avenir des difficultés du présent? Sommes-nous entrés dans une ère nouvelle, ère d'amélioration et de progrès? hélas! non.

Une question nationale s'est trouvée réduite, devant les chambres, aux proportions minimes d'une question d'attribution ministérielle, que les Chambres ont résolue, en accordant au ministère de l'agriculture une augmentation de 60,000 fr. dont celui de la Guerre a fait les fonds, sur le crédit qui lui était précédemment alloué.

Sans doute, ce n'est point pour arriver à un pareil résultat que tant d'écrivains ont pris la plume, que tant d'orateurs sont montés à la tribune? L'intérêt agricole pour les uns, l'intérêt militaire pour les autres, pour tous, l'intérêt national, dominaient la discussion, et sollicitaient de la part du gouvernement une solution *qui importe à la prospérité du pays, à sa puissance, peut-être à sa sécurité.*

Le Comice hippique.

Cette conviction, partagée par de bons esprits, a présidé à la réunion du Comice hippique, réunion à laquelle furent appelées les opinions les plus opposées, les personnes qui variaient le plus dans les moyens à employer, mais qui se réunissaient toutes dans un même but, *la production par le pays.*

On a trouvé qu'il était bon de recourir à la force de l'association pour lutter, avec persistance et avantage, contre les difficultés de toute nature, les entraves de tout genre ; et des hommes, qui ne doivent point parler de leur capacité et de leur caractère, mais qui peuvent se faire forts de leur indépendance et de leur patriotisme, se sont réunis pour jeter quelques lumières sur la question, pour stimuler l'administration, et s'il le fallait, combattre son incurie.

A une époque d'examen et d'analyse où il faut tout emporter à la pointe du raisonnement, le Comice s'est proposé de suivre la marche la plus modérée et la plus logique ; sa force, il la trouvera dans une discussion calme, mais consciencieuse et approfondie.

CHAPITRE PREMIER.

Du développement de la production.

S. I.

ÉTAT DE LA PRODUCTION CHEVALINE EN FRANCE, SON INSUFFISANCE.

La première question à poser est celle-ci :

La France produit-elle assez de chevaux pour suffire à sa consommation générale?

La deuxième :

La France produit-elle assez de chevaux pour remonter sa cavalerie ?

Ces deux questions ne sont pas identiques, à cause de la nature différente des besoins, et les réponses à y faire ne dérivent pas implicitement l'une de l'autre.

La première se résout facilement au moyen des tableaux de la douane, pour l'importation et l'exportation.

Ces tableaux nous donnent les résultats suivants pour les vingt années commençant au 1er janvier 1823 et finissant au 31 décembre 1842 :

Chiffre total des importations . . .	404,211
Chiffre total des exportations . . .	86,133
Différence en plus pour les importations, et contre la France . . .	318,078
ou en moyenne, par année.	15,904

Les chiffres parlent et n'admettent point de réplique, à moins que l'on ne conteste leur authenticité, mais nous n'avons aucune raison de l'attaquer.

Voici donc un fait acquis à la discussion et qui en fait la base : « *La France ne produit point suffisamment de chevaux pour sa consommation.* »

Maintenant, *la France produit-elle assez de chevaux pour remonter sa cavalerie?*

Ici point de document authentique, nous en sommes réduits aux affirmations, et malheureusement ces affirmations sont contradictoires.

D'un côté, M. le Ministre de la guerre, dit à la tribune de la Chambre des députés (1) : « Je n'hésite pas « à déclarer que, dans l'état actuel, nous ne suffisons « pas à nos besoins. »

D'un autre, M. le Ministre de l'agriculture, à la même tribune, presque à la même séance, conteste explicitement le fait, quand il répond : « Moins riches, il est « vrai, que nos voisins, nous le sommes encore assez « pour satisfaire aux besoins de tous les services. »

Le Comice croit pouvoir concilier ces assertions opposées, en établissant une distinction nécessaire entre les besoins *ordinaires* et les besoins *extraordinaires* de l'armée.

En effet, le recensement de la race chevaline en France, fait en 1825,

donnait un total de. . . . . . . 2,423,713.

Les recherches statistiques élèvent ce chiffre en 1840 à . . . . 2,818,496.

Si l'on suppose à chaque cheval une durée moyenne

(1) *Séance du* 21 *mai* 1842.

de 12 ans, et c'est le plus que l'on puisse accorder, il faut compter pour l'entretien et le remplacement des 2,818,496 chevaux, un nombre annuel de poulains, s'élevant à 234,874 (1).

Or, la moyenne des remontes, faites en France pour l'armée, dans les dix dernières années, étant seulement de. . . . . 4,449, l'on se refuse à croire qu'une demande aussi minime ne puisse être satisfaite par une production relativement aussi considérable, et que l'armée (l'artillerie comprise surtout) ne puisse trouver à prélever, *pour ses besoins ordinaires*, moins de 2 pour cent, sur la généralité des naissances.

Malgré ce calcul, que nous avons dû faire dans un esprit de justice, et pour réduire à leur juste valeur les plaintes de l'administration de la guerre, nous ne pouvons éviter cette conclusion tristement logique :

« C'est que la production du pays étant au-dessous « de sa consommation, doit se trouver insuffisante pour « *les besoins extraordinaires* de l'armée, et la défense « du territoire en temps de guerre. »

Le Comice hippique, s'est donné la mission de rechercher le mal et de signaler le remède.

C'est cette tâche que nous allons entreprendre.

(1) 234,874 est le 12me de 2,818,496.

S. II.

POSITION EXCEPTIONNELLE DE LA FRANCE SOUS LE RAPPORT DE LA PRODUCTION.

La France, sous le rapport de la production, est dans une position tout-à-fait exceptionnelle, il faut le reconnaître, et les conditions favorables de sol, de climat, l'intelligence même de ses habitants, ne suffisent point pour neutraliser les inconvénients de cette position.

L'extrême division des propriétés et des fortunes nuit à l'élève du cheval, qui généralement convient peu à la petite culture. L'aristocratie territoriale a presque entièrement disparu, et avec elle ont disparu aussi nos chevaux de luxe, et nos chevaux d'attelage.

Le sol n'étant plus possédé de la même manière, il en est résulté de nouveaux usages et de nouveaux besoins.

La terre seigneuriale, partagée entre dix propriétaires, a peut-être produit dix fois davantage; mais en raison directe de cette augmentation de production, il a fallu décupler aussi les moyens d'exploitation. Dix charrettes ont sillonné les chemins qui n'étaient guère parcourus, au temps d'une culture demi pastorale, que par les carrosses du maître et le harnais du fermier. Ces chemins, plus fréquentés et non entretenus, parce que chacun y avait moins d'intérêt, sont devenus d'autant plus mauvais.

Dès lors les chevaux ont éprouvé plus de fatigue, les conditions du travail ont été aggravées, et sous l'empire de ces circonstances nouvelles, nos races se sont insensiblement modifiées.

Bientôt ce qui avait été d'abord une conséquence du travail, est devenu une condition de ce travail.

Il a fallu des charrettes plus fortes pour résister à des chemins plus dégradés, des chevaux plus pesants, pour faire mouvoir ces lourdes charrettes; dès lors le défaut a dû devenir une qualité chez le cheval destiné au service du cultivateur, et la qualité un défaut.

Le commerce a repoussé les animaux qui ne présentaient point un développement exagéré de reins, de poitrail, d'encolure et de membres; ceux en un mot dont la masse n'offrait point une garantie suffisante de la puissance de levier qu'ils devaient appliquer à la traction.

Ce que nous disons pour l'agriculture est également applicable au commerce.

Depuis 1789, les échanges d'un pays à un autre ont considérablement augmenté, et le roulage, prenant un énorme développement, a fait aussi une énorme consommation de chevaux de gros trait.

Nous avons aujourd'hui peu de canaux navigables, mais tout à l'heure encore, nous en manquions totalement, tous les transports devaient se faire par les routes, et quel était l'état de ces routes sous la république et l'empire? Combien de ces voies, si belles aujourd'hui, n'étaient point alors à l'état d'entretien, peut-être de viabilité?

Puis, tandis que l'état de nos routes, les besoins de l'agriculture, les exigences du roulage et les habitudes du commerce, poussaient à la production du cheval de gros trait, nous perdions dans les guerres lointaines, les restes de nos anciennes races; en sorte que nos dernières ressources se trouvaient pour ainsi dire annihilées en 1814 (1).

Nous devons notre situation actuelle à ces circonstances réunies.

Nous avons des chevaux, beaucoup de chevaux, de fort bons chevaux ; car les races françaises sont généralement estimables, (chacune dans sa destination.) *Mais nous manquons d'un cheval léger, propre à l'agriculture, au roulage accéléré, au luxe, pour la selle ou l'attelage, à l'armée, pour l'artillerie et la cavalerie.*

Dans les pays voisins, au contraire, une riche aristocratie possédant des propriétés étendues, se livre avec amour et succès à l'élève du cheval.

Des conditions différentes des nôtres, sous les rapports de la bonne viabilité des routes et de la facilité des transports par eau, lui ont permis de conserver et d'améliorer une espèce pour ainsi dire homogène, qui fournit presqu'indifféremment, aux besoins de tous les services.

En Angleterre, en Allemagne, l'espèce chevaline peut, en grande majorité, être utilisée par l'armée et pour l'armée, de façon qu'il n'y a jamais disette au moment du besoin.

En France, où nos races sont distinctes, l'une ne peut remplacer l'autre, quand la nécessité commande.

Nous avons 2,800,000 chevaux, certes c'est une richesse hippique très imposante ; mais lorsqu'il faut remonter notre cavalerie, nous devons soustraire

(1) Nos pertes étaient immenses : sur 100,000 chevaux environ qui franchirent le Niémen en 1812, 5,000 à peine le repassèrent.
(*Rapport de la commission spéciale des remontes*).

de ces 2,800,000 chevaux, ceux de gros trait, de poste, de diligence et d'artillerie.

Qui peut dire alors à quel chiffre nous nous trouvons réduits ?

Ce que du moins, nous ne craindrons point d'affirmer, c'est que ce chiffre, s'il doit suffire aux demandes annuelles *ordinaires*, ne peut se prêter aux besoins *extraordinaires* et imprévus de notre armée.

Il nous faut donc, dans certaines circonstances, demander à l'étranger ce que le pays devrait et pourrait nous fournir.

Mais si nous sommes en guerre, précisément avec ceux-là, à qui nous devrions nous adresser, quelles seront nos ressources ?

Les souvenirs de 1840 sont encore près de nous, sachons en profiter, et nous prémunir pour l'avenir.

S. III.

OPPORTUNITÉ D'AGIR SUR LA PRODUCTION EN MODIFIANT LES CONDITIONS DU TRAVAIL.

Aujourd'hui les routes royales et départementales sont bonnes, les chemins de grande et de moyenne communication, commencent à sillonner nos campagnes ; les canaux ouvrent journellement de nouvelles voies au commerce, pour ses transports ; enfin, ces lignes de fer qui vont diminuer le roulage accéléré et répandre tout à la fois un mouvement nouveau dans les départements, sont autant d'auxiliaires puissants qu'il faut appeler à notre secours, contre la routine et les traditions.

Les circonstances sont favorables, il faut sortir de notre infériorité et agir puissamment sur la production; il faut la modifier et l'améliorer : ce sera (relativement à l'armée), l'augmenter en même temps.

Nous devons nous occuper, non seulement de la régénération des races françaises, mais de la création d'une race nouvelle.

Sans doute il n'y a que le gouvernement qui puisse opérer une semblable révolution dans les habitudes; mais il appartient aux esprits éclairés et patriotes, de la provoquer, car peut-être le sort de la France en dépend.

Nous avons vu à la suite de quelles circonstances la race des chevaux de gros trait s'est multipliée dans le pays au point de devenir, ainsi que l'a dit un honorable député « le type à peu près unique du cheval français « et d'absorber aux dépens des chevaux de luxe et « de guerre la presque totalité des naissances. »

Vingt-cinq ans de paix et les améliorations intérieures qui en ont été la suite naturelle, ont déjà bien modifié ces circonstances.

Il est important que notre législation vienne compléter l'œuvre du temps et du progrès.

S.S. 1.

Loi sur la police du roulage.

Une loi, attendue depuis longtemps, et réclamée par l'opinion publique, comme nécessité de l'époque, doit puissamment aider aux améliorations que nous sollicitons.

C'est un bien que cette loi n'ait pas été faite plus tôt;

les esprits se sont grandement éclairés depuis quelques années; et la loi devra se ressentir des lumières nouvelles acquises sur la question.

Il en est peu qui ait été aussi vivement controversée.

Ce besoin de discussion, est un des symptômes les plus frappants de la nécessité des améliorations réclamées par l'état des choses.

Il est bien désirable que la loi sur la police du roulage fasse abstraction des idées actuelles sur la liberté et l'industrie particulière, et qu'elle soit fortement restrictive comme tout ce qui tient à la police, ou plutôt comme tout règlement destiné à lutter avec les intérêts et les habitudes des classes peu éclairées.

Le gouvernement, après s'être entouré des lumières nécessaires, et avoir comparé les résultats de l'expérience acquise en France et dans les pays voisins, devra présenter un système complet.

Tous les bons esprits sont d'accord sur ce point, *qu'en modifiant le travail et la nature du travail, on arrivera nécessairement, à modifier aussi le cheval.*

Il est donc à souhaiter que l'on arrive à proportionner le travail au besoin que nous avons du cheval pour nos différents services, en facilitant les conditions du transport, sous le rapport des voies de communication, mais aussi en rendant ces conditions plus rigoureuses, quant au poids à porter et à traîner.

Une amélioration assurée doit nous arriver par ce moyen, mais est-il le seul à employer? nous ne le pensons pas.

S. S. 2.

Substitution du chariot à la charrette.

Nous réclamons un ensemble de mesures administratives combinées dans le but de rendre le cheval de gros trait moins usuel. Nous pensons que la substitution du chariot à la charrette produirait les résultats les plus prompts, les plus heureux, les plus efficaces pour la modification des races.

Avec la forme et la pesanteur des charrettes employées aujourd'hui, le cheval est tout à la fois condamné à trainer et à porter; son travail devient d'autant plus pénible, que les ornières ont été plus creusées par les roues, et la trace qu'il suit lui même plus approfondie par l'usage et le défaut d'entretien; non seulement il y a pour lui augmentation de tirage, mais aussi il y a surcharge. Par ce travail exagéré, les épaules se perdent et le rein s'affaisse.

Dans ce mode d'attelage une pente un peu rapide, vient condamner le cheval à de doubles fatigues; s'il la gravit, tout l'effort de la traction doit se porter sur l'avant-main; s'il la descend, au contraire, toute la force de résistance doit se concentrer sur l'arrière-main. Tout à l'heure il était sur les épaules, maintenant le voici sur les jarrets.

Mais que sera-ce si l'homme, par négligence ou impéritie, a mal équilibré la charge, alors le malheureux animal sera enlevé par elle ou écrasé sous son poids.

Sans nous trop arrêter à cette exception qui se présente assez fréquemment pour appeler l'attention, ne devons-nous pas reconnaître que le cheval, tel qu'il nous le faut pour répondre à des besoins ainsi déréglés, n'est plus le noble produit de la création, et que, dans la triste métamorphose que nous avons fait subir à ses formes, il a dû perdre nécessairement, la majeure partie des qualités qui le distinguaient dans les premiers âges.

Avec l'emploi du chariot, la majeure partie de ces inconvénients se trouve supprimée.

L'avidité de l'homme peut sûrement abuser encore de son utile serviteur; il peut le condamner à traîner un poids au-dessus de ses forces; mais il est facile de remédier à cet abus, par de bons règlements, et dans ce mode d'attelage, le cheval n'a plus à lutter à la fois contre les hommes et les choses, sa tâche devient plus régulière et plus facile.

Qui de nous n'a observé ces énormes chariots flamands (que nous sommes loin cependant d'admettre comme modèles du roulage à organiser), sans remarquer l'apparente facilité avec laquelle ils sont mis en mouvement par les chevaux.

Qui de nous, n'a fait une comparaison entre la condition presque douce de ces derniers, et celle des malheureux animaux attelés à nos charrettes et condamnés à un travail d'autant plus pénible, qu'il est mal calculé.

Nous disons que la condition des chevaux attelés sur les chariots est plus douce, et cette assertion est doublement vraie.

Il est à remarquer en effet, que l'emploi de moyens grossiers n'exigeant aucun soin de la part de l'homme qui les met en œuvre, ne développe chez lui aucune intelligence, et le laisse dans sa rude nature (1).

Le charretier proprement dit, n'a de rapport avec ses chevaux que pour hâter leur marche, ou surexciter leurs forces épuisées. Si les siennes viennent à le trahir, ce n'est point au cheval qu'il demandera le repos dont il a besoin; celui-ci, approprié par sa construction au service pour lequel il est employé, a perdu tous les agréments qui en faisaient le compagnon le plus agréable de l'homme, il ne sait plus le porter, et l'homme ne sera jamais désireux de le monter.

Le conducteur du chariot au contraire, trouve chez ses chevaux mieux attelés, assez de souplesse pour en profiter.

Vous le voyez souvent sur son porteur, le caresser, ou lui demander un service plus accéléré. Entre eux, il s'établit des rapports dont l'animal profite, et qui font mieux apprécier à l'homme le compagnon de ses travaux et de ses fatigues.

Vienne la guerre, vous aurez là un cheval et un cavalier, ne cherchez ni l'un ni l'autre à la charrette, vous ne les trouveriez pas.

(1) Plus nous sommes fiers de notre civilisation, plus nous devons réprouver la brutalité de la classe qui, en France, est employée auprès des chevaux; cette brutalité est une tache malheureuse pour notre caractère national.

Le comice hippique se propose d'intervenir auprès de l'administration, et de réclamer d'elle des règlements destinés à réprimer et à punir les mauvais traitements contre les animaux en général.

S. IV.

NÉCESSITÉ D'AUGMENTER EN FRANCE LE NOMBRE DES CHEVAUX A TOUTES FINS.

Par suite des considérations que nous avons précédemment développées, nous pensons que *l'augmentation des chevaux à toutes fins ou légers* (1) est le premier but vers lequel doit tendre l'administration : elle y arrivera par deux voies :

Le développement de la production générale,

La diminution de la production particulière du *cheval de gros trait* (2).

Cette diminution, il faut l'obtenir *forcément* et *naturellement.*

Forcément, par l'application de nouveaux règlements de roulage.

Naturellement, par la modification des conditions de travail imposées aux chevaux ; c'est-à-dire, en améliorant nos voies de communication intérieures et nos modes vicieux d'attelage.

Or, nous ne craignons pas de le dire et de le redire, car on ne saurait trop le répéter : « L'augmentation ou « plutôt la création en France de la race des chevaux « *à toutes fins ou légers*, est une question primordiale, « et peut, dans une circonstance donnée, devenir

(1) Par *cheval léger*, nous entendons celui qui réunit la force à la légèreté, ou en d'autres termes, celui qui par des croisements successifs avec le pur sang, a acquis assez de nerfs et d'énergie, pour *allier à une forte structure*, la légèreté d'allure qui le rend propre à tous les services.

(2) Sous la désignation de *cheval de gros trait*, nous comprenons, non les races entières appliquées au service de trait, mais les individus (si nombreux dans ces races) qui, par leur conformation ou le manque d'énergie, ne peuvent être utilisés qu'au pas.

« une question de vie ou de mort pour le pays. » (1)

Nous prévoyons facilement toutes les objections que notre système va soulever ; on a tant de peine à se persuader que les choses que l'on a toujours vues, ne sont pas ce qu'elles devraient être, et qu'il faut les changer de fond en comble !

Puis, les plus aisés à convaincre de la nécessité d'un changement, seront si difficiles à persuader de la facilité avec laquelle ce changement peut être opéré, et de l'urgence qu'il y a de l'opérer promptement, que de toutes parts on criera à l'impossibilité.

Ces objections ne seront pas nouvelles pour nous ; elles ont été faites au sein du Comice, les mesures que nous proposons n'ont point été admises tout d'un coup, et par tous les membres ; nous avons eu à combattre une opposition d'autant plus forte, qu'elle venait de gens plus compétents pour la faire. Mais enfin il a bien fallu reconnaître en principe, qu'il s'agissait moins encore pour la France, *d'augmenter sa production chevaline que de la modifier ;* parce qu'il fallait désespérer d'arriver, *par l'augmentation seule de la production*, au but que l'on se proposait d'atteindre, *celui de rivaliser avec les autres contrées de l'Europe pour les ressources à offrir en temps de guerre à notre cavalerie, à notre artillerie, et en tout temps, aux besoins nouveaux que la civilisation perfectionnée introduit parmi nous.*

Ce principe une fois admis, nous ne pensons point qu'il y ait de moyen plus efficace et plus prompt pour

(1) Un homme dont on ne contestera pas la profondeur de vue, Cromwell, avait remarqué pendant les guerres civiles, les avantages que l'on trouvait dans l'emploi d'une cavalerie plus légère et plus active ; ces avantages l'engagèrent à encourager fortement l'élève de chevaux distingués, et à donner l'exemple, en entretenant lui-même un haras. (*The Horse*, p. 28.)

arriver à la modification de l'espèce chevaline, que de modifier les conditions de travail qui lui sont imposées.

Telle est donc la base de notre système.

Mais ce n'est point le système tout entier.

En effet, si les mesures et les règlements administratifs doivent modifier la production des chevaux de gros trait, en diminuer le nombre, il faut encore augmenter celui des chevaux légers et à toutes fins; d'abord pour compenser la réduction opérée sur les chevaux de gros trait; puis ensuite, pour ajouter à la production générale de la France reconnue insuffisante, d'après le chiffre des importations comparé avec celui des exportations.

Enfin, il faut sortir d'une position d'infériorité peu convenable à notre pays, et déplorable pour l'industrie agricole, puisqu'elle lui enlève annuellement 12 ou 15 millions, qui sont portés à l'étranger.

Ainsi le double résultat à obtenir simultanément, est celui-ci:

Augmentation particulière des chevaux à toutes fins.

Augmentation générale de la production.

Ainsi il faut:

1° Amener les éleveurs à la production d'une nouvelle race de chevaux;

2° Les engager à augmenter leur production actuelle. L'on ne peut arriver là que par une série de mesures bien combinées entre elles, et favorables à l'industrie agricole et chevaline. Nous allons indiquer les principales.

S. V.

MESURES A ADOPTER EN FAVEUR DE L'INDUSTRIE CHEVALINE.

S. S. 1.

Loi sur les remontes de l'armée.

Les règlements sur la police du roulage tendant à

rendre le cheval de gros trait moins usuel, il suffira pour détourner les éleveurs de se livrer presque exclusivement à sa production, de les encourager à celle du cheval léger, par l'espoir du bénéfice.

Ce sera par le même mobile que vous les pousserez à augmenter leur production actuelle.

Si vous offrez à la fois aux éleveurs un placement certain, puis un placement avantageux, soyez sûrs qu'ils produiront : aussi un honorable député que l'agriculture s'honore de compter parmi ses plus zélés défenseurs, et que la Chambre doit regretter de ne plus voir dans son sein, M. Tourret, disait-il à la tribune : «Le jour « où il y aura avantage à produire des chevaux de cavalerie et où vous serez décidés à les bien payer, nous « vous les fournirons ; demandez-les comme vous vou- « drez, de la couleur que vous voudrez, vous les aurez.. « mais payez-les bien.»

La certitude du placement est la première condition.

Eh bien, si par les mesures administratives que nous réclamons, vous amenez l'usage du cheval léger, dès lors vous en facilitez le placement, et par conséquent la production.

Mais ce n'est pas assez, il faut assurer cette production. Le voulez-vous ? rien n'est plus facile.

Faites une loi sur les remontes de l'armée ;

Que cette loi :

1° Interdise à l'administration de la guerre tout achat à l'étranger;

2° Qu'elle fixe, pour dix ans, le chiffre minimum des remontes de la cavalerie,

3° Les fonds à employer.

4° Les conditions à exiger.

Faites quelque chose de stable et de fixe.

Que l'on ne demande pas au pays,

Une année, 79 chevaux, comme en 1834.

Une année, 9,065, comme en 1838.

L'agriculture a besoin d'avenir, il faut semer, avant de récolter; élever, avant de vendre. Le producteur qui fait naître, s'engage dans une spéculation de cinq années au moins, est-ce trop de demander pour lui un avenir de dix ans, qui puisse donner un peu de stabilité à son industrie et assurer les ressources du pays?

La cavalerie ne s'improvise pas, ses besoins s'accommodent mal d'une fixation annuelle incertaine, et des prévisions éventuelles du budget.

S.S. 2.

Suppression des remontes à l'étranger (1).

« Par l'achat de chevaux étrangers, et en modifiant « les conditions relatives à la taille, à l'âge et à la cas- « tration, on a semé l'inquiétude parmi les éleveurs, » a dit M. le marquis Oudinot.

Quelle conséquence plus naturelle à tirer de ces faits incontestés, si ce n'est que la fixité dans le nombre des achats à l'intérieur, la stabilité dans les conditions de ces achats et *la suppression entière de ceux faits à l'étranger*, rétabliront la confiance détruite par les mesu-

(1) Le Comice hippique a reçu, depuis sa formation, des encouragements et des communications de plusieurs Sociétés et Comices agricoles; parmi ces derniers, il se plaît à citer celui de l'arrondissement d'Amiens qui lui a envoyé un excellent mémoire *sur la remonte de la cavalerie française et l'achat de ses chevaux en France.*

res contraires et augmenteront la production indigène.

Cependant le rapport de la commission des remontes à M. le ministre de la guerre, est loin de l'admettre. Il annonce au contraire la continuation pour l'avenir de ces désastreuses mesures; nous y voyons ce passage « Il est à craindre que pendant quel-
« ques années encore, nous soyons contraints d'aller
« chercher à l'étranger une partie de nos remontes.
« Toutefois le département de la guerre ne se soumettra
« à cette nécessité qu'après avoir acheté tous les *bons*
« chevaux français propres au service militaire, comme
« on le fait en ce moment. »

Ainsi l'administration, au lieu de donner à l'éleveur la certitude du placement de ses produits, n'hésite pas à continuer le système condamné d'abord par M. le marquis Oudinot; système, qui, suivant ses paroles, *a semé l'inquiétude parmi les éleveurs*.

Le Comice hippique croit devoir désapprouver cette marche, et manifester hautement son animadversion contre les achats à l'étranger.

C'est à cette mesure qu'il faut attribuer, en grande partie, la diminution des chevaux de cavalerie en France, et il ne saurait la stygmatiser trop fortement.

Nous espérons que notre voix trouvera de l'écho dans les Chambres.

L'administration de la guerre devrait enfin comprendre le cercle vicieux dans lequel elle est engagée.

Elle s'adresse à l'étranger, parce qu'elle trouve que les producteurs français ne produisent pas assez, et les producteurs français ne produisent pas davantage, parce que l'administration s'adresse à l'étranger.

Qui doit céder ? évidemment l'administration, car il lui faut des chevaux légers, tandis que les producteurs peuvent se passer d'en faire, et même, dans l'état présent des choses, trouvent avantage à n'en pas faire.

Par conséquent, si l'administration tient réellement à créer des ressources indigènes, il est urgent qu'elle renonce à la marche qu'elle a suivie jusqu'à ce jour.

« Mais comment pourrait-elle y renoncer, si elle ne « trouve pas en France le nombre de chevaux néces- « saires pour remonter la cavalerie ? »

Telle est, sans doute, l'objection qui sera mise en avant.

Nous répondrons ainsi que nous l'avons déjà fait :

« La France, même dans l'état actuel, peut fournir « suffisamment de chevaux, pour répondre aux besoins « *ordinaires* de l'armée. C'est là notre ferme conviction. »

En effet, le budget de 1843 fixe l'effectif des chevaux à entretenir par la remonte générale à. . 55,779

Si nous retirons de ce nombre, pour l'artillerie, le train des équipages, en un mot, pour les armes qu'on peut indubitablement remonter en France, parmi l'espèce de chevaux qu'elle produit si abondamment, environ 15,779

Il nous reste. 40,000

Sur ces 40,000, il faut encore soustraire pour notre cavalerie en Afrique, qui doit se remonter avec les ressources locales, approximativement. 5,000

Le chiffre de notre cavalerie à entretenir avec le cheval léger, serait donc en définitif de 35,000

Et le 7me à demander au pays de. . 5,000

Maintenant veut-on nier que la France puisse fournir 5,000 chevaux légers à sa cavalerie ?

Si l'administration de la guerre le conteste, nous lui dirons : « Vous achetez en France les *bons et les* « *très bons* chevaux seulement (1).

« En Angleterre, en Allemagne, vous avez, vous ne « pouvez avoir que des chevaux médiocres ; car il est « bien certain, ainsi que l'a judicieusement remarqué « un officier-général : *Que ces puissances prennent* « *pour leurs remontes ce qu'il y a de meilleur et qu'elles* « *ne vous livrent que leur superflu, ou ce qu'elles ont* « *jugé impropre à leur service.*

« Soyez donc aussi indulgents pour les chevaux fran- « çais que vous l'avez été pour les chevaux allemands, « vous êtes certains de trouver en France tout ce « qui vous sera nécessaire pour les besoins *ordinaires* « de la cavalerie, et vous ne serez pas exposés aux durs « reproches que vous avez encourus de la part de l'ar- « mée » (2).

En résumé, les achats de chevaux à l'étranger,

(1) Circulaire du Ministre de la guerre, du 15 janvier 1842.

(2) « Mauvais pour mauvais, certes on aurait mieux fait de se fournir de chevaux en France, ou mieux encore de ne pas en acheter du tout, que de recevoir la plus grande partie de ceux qui provinrent de l'Allemagne ou de la Belgique ; car des régiments où ils furent envoyés, il s'en trouve qui en ont déjà perdu plus d'un tiers, et qui probablement n'en auront plus aucun d'ici à 2 ou 3 ans.

« Que fussent-ils donc devenus s'il avait fallu s'en servir de suite pour entrer en campagne ? »

(*Spectateur militaire*, Juin 1842.)

en temps de paix, *ne sont point nécessaires ;* en temps de guerre, *sont insuffisants et illusoires.*

Une expérience récente en a été la preuve, et l'on doit maintenant savoir à quoi s'en tenir.

Le ministère du 1er mars, voyant la guerre imminente, avait, en 1840, passé des marchés avec six compagnies différentes pour la fourniture de 37,200 chevaux. Veut-on savoir quel était le résultat obtenu, au 31 décembre de la même année, alors que les puissances étrangères avaient déjà interdit l'exportation, et que par conséquent ces divers marchés ne devaient plus produire l'effet que l'on s'en était promis, celui de ménager les ressources nationales.

11,061 Chevaux seulement avaient été fournis, et quels chevaux ! (1)

Quand on apprécie à la fois le mal positif et journalier qui résulte pour le pays, des achats à l'étranger ; le secours éventuel et incertain que l'on peut en attendre au moment du danger, il faut conclure QUE CES ACHATS DOIVENT ÊTRE PROSCRITS SANS RETOUR.

S.S. 3.

Urgence et justice d'augmenter les prix à payer en France pour les chevaux de cavalerie.

Si l'administration de la guerre consent à opérer ses remontes en France, à fixer le chiffre et les conditions de ces mêmes remontes pour un certain nombre d'an-

(1) « Ces achats faits à la hâte ont introduit dans l'armée un assez grand nombre de chevaux d'une mauvaise constitution et impropres au service militaire. » (*Général* OUDINOT).

nées, en s'interdisant formellement tout achat à l'étranger : l'industrie de l'élevage obtiendra, par ces mesures, une stabilité qu'elle n'a pas, un avenir qui lui manque aujourd'hui.

Cependant, tout ne sera pas fait encore, car pour assurer les ressources du pays, il ne suffit pas d'ôter aux producteurs une chance de perte, il faut aussi leur offrir la perspective d'un bénéfice.

Ce bénéfice existe-t-il dans l'état présent des choses, avec les prix actuels? Nous pouvons dès à présent répondre d'une manière négative. Car s'il existait, on ne manquerait ni de producteurs ni de production.

Non seulement il n'y a pas de bénéfice dans l'élève des chevaux de cavalerie, mais il y a une perte énorme ; le fait a été signalé à la Chambre des députés.

S'il s'agissait (a-t-on dit) « *de payer le prix de revient* « aux propriétaires, au lieu de procéder dans la proportion « qui a été suivie jusqu'à présent, sur un terme moyen « de 500 fr., il faudrait l'augmenter de moitié au moins, « et encore pour les chevaux d'officier et de cavalerie « de réserve, le prix ne serait pas suffisant. »

Ce n'est point un éleveur qui a tenu ce langage, c'est un acheteur, le meilleur juge dans la question, C'EST M. LE MINISTRE DE LA GUERRE.

C'est l'acheteur par excellence, qui reconnaît lui-même que le prix qu'il paie pour les chevaux de cavalerie est inférieur de 50 p. 0[0 à ce qu'il devrait être.

C'est lui qui dit encore, en parlant des propriétaires des landes :

« Au lieu de se livrer à l'élève du cheval, ils se livre- « ront à l'élève du mulet, ou peut-être à l'élève du

« veau. Dans leur intérêt, ils feront bien ; moi-même, « comme propriétaire, j'en fais autant dans le midi de « la France. » (*Moniteur* du 27 mai 1842.)

Mais devez-vous, M. le Ministre, lorsque vous connaissez un tel état de choses, lorsque vous le signalez aux Chambres, devez-vous le laisser subsister.

Faites-vous bien de n'y point porter remède, et le pays n'aurait-il pas un jour un compte sévère à vous demander, pour laisser ainsi périr l'industrie chevaline, qui, dans un cas de guerre doit faire sa puissance et sa force; car elle n'est pas seulement une industrie, *elle est encore une arme nationale*..

Le Comice hippique ne saurait trop insister sur ce point.

Il lui paraît équitable et bien entendu de traiter les producteurs français d'une manière aussi favorable que les producteurs étrangers, et d'accorder aux français, pour *les bons et très bons* chevaux qu'on leur demande, les prix qui furent accordés aux étrangers en 1840, pour des chevaux dont la majeure partie étaient défectueux, et dont les meilleurs (remonte anglaise), furent jugés *lourds et communs* (1).

S. VI.

NOTIONS PROPRES A ÉTENDRE L'ÉLÈVE DU CHEVAL EN FRANCE.

Le Comice hippique n'est point uniquement une réunion d'éleveurs : composé d'officiers-généraux, d'administrateurs, de spécialités dans la science hippique, et aussi de consommateurs, il ne s'est point

(1) Spectateur militaire.—Juin 1842.

formé dans l'intérêt d'une industrie particulière.

Il a dû d'abord soutenir, vis-à-vis de l'administration, les droits de la production nationale, pour l'assurer.

Mais animé du désir de servir les intérêts généraux du pays, le Comice croit avoir une autre tâche à remplir ; celle de développer cette production, en lui facilitant les moyens de satisfaire aux demandes des services publics, et aux besoins des intérêts privés.

Dans ce but, il doit propager et répandre quelques principes applicables à l'industrie chevaline considérée comme liée à l'industrie agricole.

Sans doute ce soin serait superflu, si le Comice s'adressait uniquement à ceux qui savent, mais il se préoccupe aussi de répandre, dans les masses et dans les campagnes, des notions qui souvent y sont complètement inconnues.

S.S. 1.

Le cheval élevé dans les herbages.

L'élève des chevaux en France est en général restreint aux pays d'herbages, c'est un tort et un mal.

Sans doute ces pays offrent de grandes facilités et quelques avantages à ce genre d'industrie, mais ces avantages sont compensés par de graves inconvénients.

Le cheval élevé dans les herbages est d'un développement tardif : sous le rapport de la spéculation et du capital engagé, c'est un désavantage.

Il rend de moins bons services que le cheval élevé à l'écurie, et il les rend beaucoup plus tard : sous le rapport de l'usage, c'est une infériorité.

Presque toujours il est mou, souvent aussi il est difficile et mou tout à la fois. Il est très long à dresser à cause de son naturel ombrageux, et si l'on obtient avec lui un résultat, qui est rarement satisfaisant, on peut être sûr que ce résultat est toujours chèrement acheté, soit aux prix de sacrifices considérables, soit au risque de dangers nombreux : voilà pour le caractère.

Quant au physique, les avantages du cheval nourri au pâturage, sont aussi contestables; son tempérament est généralement lymphatique, lui-même n'est pas plus exempt de tares que le poulain exercé avec modération; au contraire, car dans ses courses folles et rapides, il abuse souvent de ses forces, au détriment de ses membres et de sa santé (1).

La race normande, la plus belle, la meilleure de France, a cessé d'être recherchée par le commerce et les amateurs, à cause des nombreux reproches que lui a mérités ce genre d'éducation : surtout depuis que l'introduction en France, des chevaux anglais et allemands, élevés d'une tout autre manière, a permis de faire une comparaison, qui lui a été complètement désavantageuse.

Au contraire le succès toujours croissant de la race percheronne et des autres races analogues, est dû, suivant nous, à une éducation tout-à-fait opposée ; nous l'appellerons *éducation de la ferme.*

(1) Ces reproches s'appliquent particulièrement aux races du Nord et de l'Ouest. Sous le climat du Midi, le même mode d'élevage ne produit pas les mêmes effets : le cheval d'herbages n'est ni mou, ni lymphatique, rarement il est taré; mais il manque de taille, d'ampleur, de membres, et son développement imparfait ne satisfait pas aux exigences de nos différents services.

S. S. 2.

Le cheval élevé à la ferme.

Ce ne sont pas seulement les riches pays d'herbages qui, semblables à d'heureux privilégiés, sont appelés à fournir les chevaux au commerce et à l'armée ; tous nos départements (à bien peu d'exception près) peuvent y concourir.

L'agriculture rend tout possible en fait d'élèves. Ce que le Midi aura fait naître peut être nourri dans le Nord.

Cela est facile à faire, il faut seulement qu'il y ait avantage à le faire ; alors les éleveurs de toutes les contrées iront chercher des poulains dans les pays où la division extrême des propriétés ne permet point de les élever ; et l'administration de la guerre pourra se dispenser d'entreprendre elle-même une spéculation que l'industrie particulière fera mieux qu'elle, et avec plus d'avantages.

Si quelque chose doit étonner, c'est de voir, au point où en sont aujourd'hui les connaissances hippiques chez un grand nombre d'éleveurs, que l'on ait pensé un instant à établir des dépôts de poulains destinés à la remonte de notre cavalerie, sur les Landes de la Gascogne ou dans les marais de la Saintonge ; au moyen de prix d'abonnement qui, par leur insuffisance, témoignaient assez de la pauvre nourriture attribuée aux élèves.

Les bons chevaux se font dans les pays de bonne culture, là où l'introduction des prairies artificielles et l'amélioration des prés naturels, assurent une grande abondance de fourrage. Le Meklenbourg et le Yorkshire, leurs beaux et nombreux produits viennent à l'appu de notre opinion. L'Ukraine et les pays peu avancés en agriculture produisent sans doute aussi d'excellents chevaux ; mais ces chevaux ne sont pas appropriés, par leur taille et leur construction, aux différents services que nous demandons aux nôtres, et ce serait une bien mauvaise spéculation que celle qui consisterait à faire de semblables élèves.

Le Comice hippique doit signaler ces erreurs, dans l'intérêt des éleveurs.

Il doit enseigner au Ministre aussi bien qu'aux fermiers, *qu'une nourriture chétive, distribuée d'une main avare n'est jamais payée par ses produits ;* car un développement tardif est toujours imparfait, et une éducation de six années ne peut jamais être profitable.

Le cheval de service ou de guerre se fait dans les champs ; il faut, non point l'abandonner dans les vastes herbages, loin de l'homme et loin des soins dont il peut avoir besoin ; mais lui consacrer, jusqu'à deux ans, l'espace nécessaire à son développement.

A cet âge, un travail léger remplace pour lui l'exercice en liberté, et l'habitue doucement à l'obéissance et à la fatigue.

Le produit de ce travail appliqué au bien-être du travailleur, permet de lui donner un supplément de nourriture en grains, et ce supplément de nourriture, en développant sa croissance et ses forces, autorise un supplément de travail.

Dans ce mode d'éducation, tout est utilisé au profit de tous, et les résultats sont bien différents de ceux obtenus généralement par la misère, l'ignorance et la routine.

Le jour où ces notions seront devenues populaires

et pratiques parmi les cultivateurs, *la production chevaline aura doublé en France.*

Mais nous ne saurions trop le répéter : *Pour que ces préceptes soient appliqués, il faut qu'il y ait profit à les appliquer,* et il n'appartient qu'au gouvernement, de donner l'impulsion nécessaire ; l'administration de la guerre particulièrement, peut assurer au producteur la certitude du placement et celle d'un bénéfice raisonnable ; elle doit lui garantir un prix rémunérateur de ses soins, et pour son industrie un avenir qui en permette le développement.

CHAPITRE DEUXIÈME.

—

Des améliorations dans la production.

—

Jusqu'à présent nous nous sommes occupés de la production, des modifications qu'elle doit subir, des développements qu'il est nécessaire de lui donner, pour répondre aux besoins de nos différents services.

Ce n'est là qu'une partie de notre sujet ; car, nous l'avons dit précédemment, « le développement de la « production serait insuffisant, s'il n'était accompagné « des améliorations réclamées par notre position ac- « tuelle. »

Ces améliorations sont de deux natures :

Améliorations dans les races.

Améliorations dans les institutions.

Nous ne nous occuperons ici que de l'amélioration dans les races.

Le Comice hippique s'adresse principalement aux producteurs, il ne craindra pas d'entrer dans des développements qui pourront paraître élémentaires, mais qui par cela même seront plus utiles, dans l'état actuel de nos connaissances.

S. I.

NOTIONS GÉNÉRALES.

Le cheval, ainsi que la majeure partie des grands quadrupèdes, est originaire d'Orient, c'est du moins l'opinion reçue.

Cette opinion peut être controversée, mais l'expérience démontre évidemment que les races de chevaux varient suivant la nature du climat et du terrain. Ce fait est incontesté.

Le cheval des pays chauds, élevé sur un terrain sec, offre dans sa structure les plus justes proportions. Sa peau est fine, son poil lisse, il est doué, à un degré supérieur, d'intelligence, de vigueur et de docilité.

L'Arabie, parmi les contrées orientales, réunit les conditions de sol et de climat les plus favorables à l'élève du cheval, et ces avantages ont été développés par le goût de sa population.

Les soins, l'amour de l'Arabe, pour le compagnon de ses voyages et de ses dangers, n'ont pas peu contribué à conserver dans ce pays une race pure, restée sans mélange et composée des familles les plus nobles et les plus éprouvées.

L'histoire des temps anciens et modernes, prouve que cette race primitive a toujours amélioré les autres races par son croisement.

Aussi, le premier de nos naturalistes, Buffon, disait-il : « Les chevaux arabes ont été de tout temps, « et sont encore les premiers chevaux du monde, tant « pour la beauté que pour la bonté. C'est d'eux que « l'on tire, soit immédiatement, soit médiatement, les « plus beaux chevaux de l'Europe. »

Les Anglais, les premiers, ont introduit chez eux, la race arabe (1). Les rois, puis les hauts barons, à l'exemple des rois, importèrent en Angleterre des étalons et des juments des meilleures familles.

Les Arabes attachent d'autant plus de prix à leurs chevaux que ces chevaux ont été plus éprouvés par des trajets longs ou rapides, dans leurs jeux, ou leurs combats.

De là, l'origine des courses en Angleterre, lorsque les seigneurs, non contents de posséder des chevaux arabes, voulurent constater leur vitesse et leur supériorité.

L'expérience acquise dans ces luttes, a fait connaître que la vitesse et le mérite d'un cheval ne sont pas individuels, et que les pères et mères transmettent à leurs produits, une grande partie des qualités qui les ont distingués ; aussi les Arabes tiennent-ils à honneur de

(1) Sous le nom générique de race arabe, nous comprenons les races orientales Barbes, Turques, Persannes, etc., qui toutes ont été le principe de la race anglaise dite de *pur-sang*. (Voir à la fin du mémoire la date et la nature des importations, page 81).

posséder des chevaux dont la généalogie est parfaitement établie.

De là, l'établissement du *Stud Book* anglais, qui remonte à l'année 1603 et a été continué jusqu'à nous, avec un soin scrupuleux.

Le *Stud-Book* (1) est un vaste dictionnaire ou répertoire, indiquant toutes les filiations des chevaux ou juments issus, sans mésalliance, des chevaux ou juments originairement importés d'Orient.

L'inscription au *Stud-Book* est le titre de noblesse qui confère à l'inscrit, le nom de *Pur Sang*.

Il importe peu, qu'il ait ou qu'il n'ait pas couru, qu'il soit propre à la selle ou seulement à l'attelage, sa position n'est pas modifiée par ces circonstances accessoires; du moment où sa filiation orientale est prouvée, où il est *tracé dans le Stud-Book*, il est *Pur sang*.

Un fait physiologique d'un grand intérêt a mérité une seconde fois le nom de pur sang à la famille d'origine orientale.

Il a été reconnu, par suite de la comparaison faite du sang de diverses races de chevaux, sous le rapport de la composition, que le sang extrait du cheval appartenant à cette noble famille, exposé à la décomposition naturelle, fournit moins de sérosité que la même quantité de sang extrait d'un cheval de race commune; qu'ainsi, la partie solide et coagulée est plus considérable, que les substances salines s'y trouvent dans une

(1) Nous avons aussi notre *Stud-Book* français, publié par ordre de M. le Ministre de l'agriculture, et sous la direction de l'administration des haras. Cet ouvrage, commencé seulement en 1838, en est aujourd'hui à son troisièm e volume.

proportion plus abondante et avec une qualité différente. Aussi ce sang exposé à l'air conserve plus longtemps sa fluidité, et ne répand pas une odeur fétide comme celui des chevaux des autres races.

Or, comme chaque partie du corps puise dans le sang les principes constituants de son développement, puisque l'analyse et la comparaison nous forcent de reconnaître les qualités supérieures de ce fluide, dans le cheval d'origine orientale, nous devons considérer sa race comme le type réel et essentiellement régénérateur de l'espèce.

Des expériences plus connues, mais non moins intéressantes, ont prouvé que ce cheval a les muscles plus forts, les viscères plus pleins et plus gros, les tendons plus secs, plus détachés; et les os, bien que comparativement plus petits, d'une qualité moins poreuse, et par conséquent plus dure et plus pesante que ceux du cheval appartenant aux races communes.

Résumons cet exposé et concluons.

S. II.

AMÉLIORATION PAR LES CROISEMENTS, AVEC LA RACE ARABE OU ANGLAISE DITE *Pur-Sang*.

L'Arabie, par la nature de son terrain, de son climat, par le soin religieux de ses habitants, a conservé particulièrement le type primitif, dont on retrouve les traces dans toutes les races les plus renommées d'Asie, d'Afrique et d'Europe.

Dès lors quoi de plus rationnel, dès que la dégénérescence se fait sentir (et elle doit inévitablement arriver à mesure que nous nous éloignons davantage des conditions premières sous l'empire desquelles la race chevaline prospère en Orient), quoi de plus rationnel que d'y recourir.

Mais cette race mère, cette race type, il n'est plus nécessaire de l'aller chercher en Arabie, elle est près de nous, à notre porte, elle a été conservée pure et sans mélange par les soins d'un peuple voisin, et nous avons *le pur sang arabe* en Angleterre.

Nous n'oserions dire que le cheval pur sang anglais *est amélioré*, mais nous devons reconnaître, qu'ayant acquis plus de force, de taille et de vitesse, il est mieux *approprié* à nos besoins; et dès lors nous gagnerons, en l'utilisant, le temps que nos voisins ont mis à parvenir où ils en sont aujourd'hui.

Nous nous bornerons à cette simple réflexion.

Nous n'ignorons point que nous venons de toucher à une grave question, question débattue par les savants. Mais le Comice hippique ne fait point de science, il veut tout au plus faire de la propagande parmi les éleveurs et les sociétés agricoles.

Nous savons que les arguments mis en avant contre le pur sang en général, seraient non moins applicables au pur sang venu d'Arabie, qu'ils ne le sont, au pur sang venu d'Angleterre. Ainsi toute discussion relative à la préférence à donner à l'un ou à l'autre, serait ici oiseuse et superflue.

Ce que nous nous proposons, c'est de convertir au pur sang, de quelque provenance qu'il soit; le principe une fois admis, l'application pourra varier suivant les contrées, les ressources locales et les besoins du pays.

Dans la pratique, il y aura presque toujours avantage à croiser le pur sang anglais avec les belles juments de la Normandie, du Perche, de la Saintonge, du Poitou, de la Bretagne, etc.

Le pur sang arabe, conviendra mieux dans quelques parties de la Bretagne, les Pyrénées, l'Auvergne, le Berry et le Limousin.

Là enfin, où la culture plus avancée fournit une abondance de fourrages; où des pâturages succulents donnent une riche dépaissance, on devra croiser la race du pays avec le pur sang anglais, pour obtenir des chevaux de carrosse ou de cavalerie de réserve.

Le pur sang arabe devra être préféré dans les pays où la culture offre moins de ressources; sur les sols calcaires, schisteux ou granitiques, là où l'herbe fine et rare ne donne point à l'élève un développement suffisant.

Ces contrées fourniront à l'armée et au luxe le cheval de selle et de cavalerie légère.

Partout, l'emploi du cheval de pur sang, comme régénérateur, produira les plus heureux résultats.

Ce système cependant trouve et trouvera longtemps encore de l'opposition; il n'y a pas lieu de s'en étonner, puisqu'en Angleterre il en a été de même, malgré la sévérité des règlements et les mesures les plus arbitraires.

Plus heureux que nos voisins, nous avons leur expérience en notre faveur, et si l'amélioration de l'espèce chevaline a été plus tardive chez nous, elle doit y faire des progrès d'autant plus rapides que les lumières sont plus généralement répandues.

Ce qui nuit le plus à la popularité du pur sang parmi nous, c'est la forme sous laquelle il nous apparaît, et le cortége inévitable de grooms et de jockeys qui l'accompagne.

Bien que le nombre des chevaux de cette noble race soit très augmenté en France depuis quelques années, il est cependant encore fort restreint. C'est dans de rares occasions, aux époques des courses, qu'il est donné au public d'en voir quelques individus, après qu'ils ont été soumis au régime d'entraînement, régime dont le résultat nécessaire est de réduire leur volume d'une manière peu satisfaisante pour l'œil.

Lorsqu'ils arrivent sur le terrain de courses, tout leur embonpoint a disparu, leurs formes mises à nud, paraissent frêles et moins gracieuses; ce sont *des ficelles*, disent les ignorants, qui, frappés uniquement de la masse, ne savent point distinguer la force de ces os, l'ampleur de ces muscles, la vigueur de ces nerfs dégagés de toutes les parties charnues; ni reconnaître, dans ce corps élégant et svelte, la mère énergique, ou le producteur vigoureux.

Ces courses, excellentes pour constater la supériorité du *pur sang*, pour fixer sur ce point l'opinion des spectateurs, ont souvent aussi l'inconvénient de l'égarer.

Le public, peu éclairé, prend l'épreuve pour le résultat, le moyen pour le but: il pense que les chevaux ont été faits pour les courses, et non les courses pour les chevaux; car il croit ces derniers impropres à tout autre service.

Ces idées erronées, ont bien, avouons-le, quelque fondement dans l'état actuel des choses.

Les courses ne sont plus en Angleterre, et même en France, ce qu'elles étaient à leur origine, ce qu'elles devraient être uniquement ; *une épreuve nécessaire pour s'assurer de la vigueur et du fonds, d'un cheval destiné à la génération.*

Elles sont devenues pour les uns une spéculation, pour les autres une occasion de ruine et d'élégance, pour tous un jeu.

Ce jeu lui-même a de bons résultats, le vainqueur est éprouvé et ses puissantes facultés, employées d'abord dans l'intérêt d'un seul, seront utilisées ensuite pour l'amélioration, à l'avantage de tous.

Malgré la supériorité, bien constante à nos yeux, de la race *pur sang*, le Comice hippique, qui a plutôt en vue la pratique que la théorie, ne dit point aux éleveurs : « Faites du pur sang. » Il connaît trop bien les nécessités du commerce et nos différents besoins, qui doivent être satisfaits de différentes manières. Mais il dit : « Faites du demi-sang, du trois-quarts de sang, et faites-« en pour tous les usages. »

« Par les croisements avec le pur sang, vous intro-« duirez toutes les qualités qui manquent à vos races « dégénérées ; vous leur donnerez le fonds, l'intelli-« gence, la vigueur, la docilité, et aussi la longévité. » (Car dans l'état actuel, nos chevaux se remplacent par 10e, les chevaux anglais par 20e, et les chevaux arabes par 30e).

Le cheval de *demi-sang* convient mieux, et plus généralement, pour le commerce, le luxe et l'armée ; en un mot pour nos différents services ; c'est à l'industrie particulière à le produire, quand elle trouvera du bénéfice à le faire ; le moment en est arrivé si l'administration le veut fortement.

Mais le cheval de *pur sang*, ce cheval qui ne trouve pour ainsi dire de débit que sur le marché de Paris et auprès de quelques rares amateurs, il nous le faut aussi, il nous le faut comme générateur.

Longtemps on a cru en France, et bien des gens partagent encore cette opinion, que de justes proportions, d'heureuses formes et l'analogie entre les races et les qualités, devaient seules être considérées dans les éléments de production. C'est à tort, car l'expérience a prouvé que les principes de la régénération des espèces reposent exclusivement sur l'emploi du *pur-sang*.

En effet, dans toutes les espèces d'animaux, les métis produisent constamment des métis dont la dégénération, commencée dès le principe, devient d'autant plus frappante que l'on s'éloigne davantage du type primitif.

Or, le cheval *demi-sang*, comme tous les métis, ne possède qu'imparfaitement la faculté de transmettre les qualités qui peuvent le distinguer individuellement, mais qui sont trop nouvelles dans sa famille pour être acquises à sa descendance.

C'est donc au pur sang qu'il faut recourir pour toute amélioration.

Mais comme dans l'état actuel de notre société la production du cheval de *pur-sang* est loin d'être profitable, c'est au gouvernement à s'en charger et c'est à lui à encourager, par des prix de course, l'industrie particulière à intervenir subsidiairement dans cette production ; au moyen des prix de course (prix que le demi-sang ne peut jamais disputer avec avantage) on établit de véritables primes en faveur des éleveurs de pur sang, et ces primes, qui se délivrent après une épreuve, sont d'autant mieux acquises, qu'elles se fondent sur une supériorité constatée.

S. III.

AMÉLIORATION PAR UN BON MODE D'ÉDUCATION.

L'amélioration de nos races ne repose pas uniquement sur l'emploi du *pur-sang*, ce n'est pas tout d'obtenir un bon produit, si par un mode vicieux d'éducation, on altère les qualités qu'il paraissait promettre.

Il faut favoriser son développement par une nourriture appropriée et abondante.

C'est dans le jeune âge, on le sait aujourd'hui, que la nourriture est le mieux utilisée par l'animal qui la reçoit, et payée le plus largement par sa croissance et ses progrès.

Un poulain doit, dans les deux années de sa naissance, recevoir presque autant de grain que l'on a coutume de lui en donner plus tard, et si l'on doit être parcimonieux envers lui, ce n'est jamais dans sa première jeunesse.

L'application de ces principes, faite d'abord aux poulains de pur sang, parce qu'ils étaient plus précieux, a donné naissance à deux erreurs qui sont aujourd'hui généralement répandues.

D'une part on a dit : « Le cheval anglais se développe

« plus dans les deux premières années que ne le font « nos races françaises. »

D'une autre : « L'espèce anglaise est plus déli- « cate, plus exigeante en nourriture, que les races com- « munes. »

Nous ne le pensons point ; nous admettrons une plus grande sensibilité, une plus grande irritabilité, dans une race où le système nerveux est plus fortement développé ; mais cette sensibilité, n'est elle-même que l'exagération de la vigueur, et cette vigueur n'a pas besoin d'être surexcitée par une nourriture échauffante et particulière, plus qu'il ne serait nécessaire de le faire pour le tempérament calme et froid de nos races communes ; le contraire est dans l'ordre logique, et nous en avons eu des preuves personnelles et pratiques (1).

Le développement plus précoce, remarqué chez les chevaux de sang, est le résultat d'une nourriture plus abondante que celle que l'on distribue d'après nos usages ; c'est ici un effet, et cet effet vient à l'appui de ce que nous avons dit précédemment : « que la nour- « riture s'assimile mieux dans le jeune âge. »

Ce principe est déjà admis par les praticiens éclairés en agriculture, et nous demandons aux éleveurs, de faire pour la race chevaline, ce qui est déjà pratiqué par les bons agriculteurs, pour les races bovines et ovines ; les résultats seront tout à leur avantage.

(1) Nous avons vu des éleveurs, amateurs du pur-sang, mais non moins amateurs d'économie, nourrir fort mal leurs poulains, et cependant obtenir sur des bruyères (et sans avoine), des produits presque toujours *manqués*, souvent *tarés*, mais constamment *vigoureux et énergiques*.

CHAPITRE TROISIÈME.

Des améliorations dans les Institutions

En rapport avec la production.

La première partie de notre travail est pour ainsi dire la partie matérielle et pratique ; celle que nous allons traiter, sera la partie théorique et intellectuelle.

Les institutions doivent avoir sur notre production et sur son amélioration, un effet puissant, quoique médiat, l'on ne peut raisonnablement le contester.

En effet, nous nous sommes préoccupés d'augmenter la production, pour la mettre en rapport avec nos besoins. Eh bien ! si nous parvenons à restreindre ces mêmes besoins, en d'autres termes, à diminuer la consommation, n'aurons-nous pas obtenu un résultat équivalant à une augmentation dans la production ?

Évidemment, car la production répondra d'autant plus facilement aux exigeances du service, que ces exigeances seront moins étendues.

Appliquons notre raisonnement :

Il y a discussion pendante devant le pays et les Chambres, entre le ministère de la guerre et les producteurs.

L'administration leur dit : « Vous ne produisez pas assez. »

Ceux-ci lui répondent : « Vous ne savez ni utiliser, » ni ménager nos ressources. »

Le Comice qui a précédemment examiné les reproches adressés aux producteurs par l'administration de la Guerre, doit maintenant apprécier ceux adressés par les producteurs à cette administration, et l'emploi fait par elle des ressources du pays : car si cet emploi n'est pas satisfaisant, s'il est vicieux, on peut, en le modifiant, diminuer la consommation, et la mettre plus en rapport avec la production.

Or, c'est par son système de remonte que l'administration utilise la production nationale, c'est donc ce système de remonte qu'il faut examiner.

Nous chercherons à faire cet examen sans prévention, et avec maturité, ce qui nous entraînera dans quelques détails.

S. I.

SYSTÈME ACTUEL DES REMONTES.

Les remontes de la cavalerie se font en France au moyen d'un corps spécial, dont l'organisation première remonte à l'année 1818 ; il reçut une extension considérable en 1825, il fut définitivement constitué le 11 avril 1831.

Depuis 1789 jusqu'en 1818, divers systèmes, plus désastreux les uns que les autres, avaient été employés pour les remontes militaires, au grand détriment du trésor et du pays.

Ce fut donc une idée heureuse dans sa conception, séduisante dans son application, nationale dans son principe, celle qui présida à l'organisation du corps des remontes ; le Comice hippique se plaît à le reconnaître.

Sans doute, le Ministre à qui nous devons sa création, et ceux qui plus tard complétèrent son œuvre, se proposaient de remonter uniquement notre cavalerie au moyen des ressources indigènes; sans cela, l'organisation donnée aux dépôts de remonte serait un non-sens.

On se flattait, en affectant à chaque officier une circonscription déterminée, qu'il en connaîtrait bientôt à fond toutes les richesses, et qu'au moyen de l'achat direct, il ferait parvenir directement aussi, à l'armée, tous les produits nationaux à sa convenance.

Par cette voie, la cavalerie devait être mieux montée qu'elle ne l'avait jamais été, et à meilleur marché.

Un règlement du 23 mars 1837 témoigne également des intentions éclairées du ministre, et semblait devoir compléter, à l'avantage des producteurs, le système des remontes militaires.

C'est ce règlement, qui prescrit l'achat direct et la permanence des achats.

Jamais, dans les temps antérieurs, on n'avait autant fait pour l'industrie chevaline; jamais on ne s'en était occupé avec une bienveillance aussi prévoyante.

Nous rendons justice, on le voit, à l'esprit éclairé qui a dicté toutes ces mesures.

Sans doute, si la pratique était d'accord avec la théorie, elles devaient produire de bien heureux résultats, et donner une grande impulsion à l'élève du cheval désigné, assez mal à propos, sous le nom de *cheval de guerre*.

S'il en est autrement, si les besoins de l'armée ne sont point satisfaits, si l'agriculture fait entendre ses plaintes, si le budget de l'État est grevé chaque année de sommes plus considérables, il faudra bien cependant en conclure, que l'organisation du service des remontes n'a point répondu, sous le rapport militaire, agricole et financier, à ce que l'on était en droit d'en attendre : et qu'il faut ou le modifier, ou renoncer à recevoir de la production indigène, devenue impuissante, la satisfaction des exigences militaires.

Nous allons examiner ces différents points.

Les besoins de l'armée ne sont point satisfaits, la commission des remontes le déclare, en déplorant la nécessité où se trouve le ministère de la guerre, d'acheter une partie de ses chevaux à l'étranger (1).

L'agriculture fait entendre ses plaintes, le Conseil général d'agriculture, les éleveurs du Calvados, les journaux de la Normandie, ont nettement formulé leurs griefs contre le système et l'administration des remontes.

Enfin *le budget de l'état est grevé chaque année de sommes plus considérables:* en effet le chapitre de la remonte générale de 1818 à 1830, ne s'était pas élevé, en moyenne, à . . . . 1,800,000 fr.
(pour un effectif de 25 à 27,000 chevaux).

Il devrait être aujourd'hui, dans la même proportion, pour un effectif reconnu du double de. . . . . 3,600,000 fr.,
si les prix étaient restés les mêmes.

Mais il faut tenir compte de l'augmentation dans le prix d'achats accordée depuis 1830.

Cette augmentation a porté le prix moyen du cheval

(1) Rapport au ministre, page 14.

de troupe à 500 francs (1). Supposons ce prix moyen à un chiffre supérieur ; admettons, à cause des chevaux d'officier et de cavalerie de réserve, le chiffre de 550 francs.

Le renouvellement étant calculé (comme au budget) à raison du septième sur un effectif de 55,779 chevaux au prix de 550 francs, nous aurons pour les 8,000 chevaux formant le septième à renouveler :

La somme de. . . . . 4,400,000 fr.

Et non celle de 5,812,193

portée au budget de 1843 pour le chapitre de la *remonte générale*.

La différence de. . . . . . . 1,412,193 fr.

est donc dépensée par l'administration de la guerre en dehors et indépendamment des prix d'achats payés aux producteurs.

Cependant si cette somme de . . . 1,412,193 fr. était appliquée directement aux achats, elle permettrait d'augmenter de 176 francs le prix du cheval de troupe, et avec un crédit supplémentaire de 592,000 seulement, que les chambres ne refuseraient certainement pas, nous arriverions au prix moyen de 750 fr. signalé par M. le ministre de la guerre comme nécessaire pour indemniser le producteur (2), et sollicité par nous comme indispensable pour développer efficacement la production du cheval léger propre à la cavalerie

Sans doute le Comice hippique ne prétend pas s'ériger en censeur du budget de l'administration militaire,

(1) Discours de M. le Ministre de la guerre, 27 mai 1842.

(2) Idem.

et lui demander compte de l'emploi des fonds qui lui sont alloués par les chambres ; mais il a dû rechercher la somme payée par l'Etat pour les remontes de l'armée, et la comparer avec la somme reçue par les producteurs, pour la fourniture de ces mêmes remontes ; car cette dernière peut seule influer sur la production et favoriser son développement.

Aussi, dans la pensée du Comice, l'argent, qui ne passe point directement des coffres de l'Etat dans les mains des producteurs, est mal dépensé, et détourné de son véritable emploi.

Dès lors nous devons blâmer le système des dépôts de remonte dont l'organisation absorbe nécessairement une partie des fonds affectés aux achats.

En effet, le prix d'un cheval de troupe se forme de deux éléments : la somme payée au producteur et celle dépensée au dépôt ; en sorte que le prix d'achat et le prix de revient sont tout-à-fait distincts, et que le premier peut être fort bas et décourageant pour l'éleveur, tandis que le dernier peut devenir fort élevé pour l'Etat.

Ce résultat est un vice inhérent à l'existence même des dépôts de remonte, il devrait les faire condamner en principe, mais la marche suivie par l'administration de la guerre vient encore aggraver le mal. Non seulement l'administration absorbe, par une organisation compliquée et dispendieuse, une partie des fonds destinés à la production, mais elle vient elle-même s'immiscer dans cette production, en annexant des dépôts d'étalons aux dépôts de remonte, et en affectant à ces nouveaux établissements, au moyen de cette réunion, une partie des fonds mis à sa disposition pour remonter notre cavalerie.

Le premier acte par lequel elle signala le projet d'intervenir dans la production, remonte à 1827 ; ce fut l'établissement d'un haras à Saumur, avec la saillie gratuite. Cette disposition tendait évidemment à établir contre les haras royaux une concurrence que ceux-ci semblaient ne pouvoir soutenir, puisque, d'après leur organisation, ils doivent compte au trésor du produit des saillies ; elle plaçait donc les haras de la guerre dans des conditions d'existence beaucoup plus favorables que celles des haras royaux, et par conséquent tout-à-fait injustes, puisqu'il aurait dû exister une égalité complète entre des établissements de même nature, alimentés les uns et les autres par les fonds du trésor.

En 1831, un rapport adressé au roi par le ministre de la guerre, rapport qui précède l'ordonnance du 11 avril, jeta les fondements du système que nous blâmons (1), bientôt le système lui-même fut mis en pratique, et d'année en année reçut plus d'extension.

L'administration de la guerre, ainsi qu'on le voit, est préoccupée, depuis longtemps, du plan qu'elle a adopté ; elle en poursuit la réalisation, malgré les oppositions qu'il a soulevées, avec une persévérance infatigable qui n'a pas même été découragée par le vote des chambres, deux fois désapprobateur, et les

(1) On y lisait : « Les dépôts de remonte, successivement étendus à toutes « les parties de la France, pourraient par la suite faire double emploi avec « les dépôts d'étalons..... Ainsi les fonctions de l'administration productive et « celles de l'administration qui consomme peuvent se trouver tellement rap- « prochées qu'elles paraissent presque se confondre, et que d'un rapport aussi « intime à une complète réunion il n'y ait qu'une transition aussi facile qu'a- « vantageuse. »

refus de crédit (1). Ainsi, depuis la suppression des 60,000 fr. qu'elle demandait en 1843, pour achats d'étalons, elle a fait venir treize producteurs orientaux d'un grand prix, et cette année, elle porte au budjet une somme de 120,000, applicable au même objet; plus, d'autres demandes de la même nature, qui toutes vertiraient au même but, l'envahissement de la production.

Enfin, l'on en est arrivé à réclamer la réunion des haras au ministère de la guerre et à mettre en principe: « que l'administration qui consomme, peut seule agir « d'une manière efficace sur la production (2). »

Les faits malheureusement contredisent le principe, et nous devons constater que l'établissement des dépôts de remonte n'a point donné d'impulsion à la production du cheval de cavalerie, comme on devait l'espérer.

Ce serait une grave erreur, d'en tirer une conclusion contre la production chevaline en général; car elle a suivi une marche constamment ascendante, et s'est développée, indépendamment de toute intervention administrative, dans un sens opposé.

(1) Il n'est pas sans intérêt de rappeler ici l'origine du crédit de 60,000 fr. dont le ministère de la guerre a joui pendant plusieurs années, pour achats d'étalons.

A l'époque où la direction des haras, entrant dans la voie du progrès, introduisit en France des producteurs de pur-sang, il se manifesta parmi les éleveurs encore peu éclairés, une grande opposition à cette innovation; l'administration de la Guerre sut en profiter habilement, et faisant cause commune avec les opposants, elle parvint à faire admettre une distinction entre l'étalon de luxe et l'étalon militaire, qu'elle seule devait être apte à connaître et à utiliser pour ses besoins.

Mais quand l'expérience a eu prouvé que l'administration de la Guerre ne suivait et ne pouvait suivre d'autres errements que ceux de l'administration des Haras, et que le crédit qui lui était alloué servait seulement à entretenir une rivalité fâcheuse. Ce crédit a dû être supprimé, et il l'a été par le vote des Chambres.

(2) Général Oudinot, p. 65.

Ainsi, nous voyons par les statistiques, que la France avait :

En 1812. . . . . 2,244,691 chevaux.
En 1825. . . . . 2,423,713 »
En 1840. . . . . 2,818,496 »

Et nous reconnaissons en même temps, malgré cette augmentation considérable, que le pays qui fournissait, à la cavalerie seule :

En 1831 . . . . 8,202 chevaux.

N'en a plus fourni,
A la cavalerie,
A l'artillerie,
Aux équipages militaires réunis :
pour 1841, que . . . . . . 5,055 (1).

Or il est à remarquer qu'à la première époque (celle de 1831), l'administration des remontes opérait seulement sur 15 départements, tandis qu'aujourd'hui, elle en embrasse 56.

De tels résultats sont au moins extraordinaires, nous laisserons d'autres que nous en tirer les conséquences; mais nous devons reconnaître qu'ils semblent justifier les reproches adressés à l'administration de la guerre, par les producteurs, lorsqu'ils lui disent :

« Vous ne connaissez point toutes nos ressources, « vous ne savez pas les utiliser. »

Le mode de remonte est-il imparfait? ainsi qu'ils le prétendent, c'est ce qu'il faut examiner.

Le service général de la remonte qui, suivant les projets administratifs, doit se partager en quatre grandes directions, est aujourd'hui divisé en six dépôts, qui ont

(1) Le chiffre de 1842 (le dernier connu) n'est point supérieur.

eux-mêmes dix succursales, sans compter les annexes.

A chaque dépôt, puis à chaque succursale, sont attachés des officiers acheteurs ; lesquels sont ensuite cantonnés dans une circonscription à eux affectée.

L'on voit, au premier coup d'œil, les avantages que semble promettre ce fractionnement ; les inconvénients moins apparents d'abord, n'en sont pas moins sensibles.

Nous allons signaler ceux dont se plaignent les éleveurs, et ceux que nous croyons y trouver nous-mêmes.

Le nombre des officiers acheteurs est beaucoup trop restreint pour que ces MM. puissent parcourir leur arrondissement d'une manière complète et satisfaisante, pour qu'ils aient, ainsi qu'on n'a pas craint de l'affirmer, « une statistique exacte et précise de chacune des écu- « ries de leur circonscription. »

Dans des départements explorés par les officiers de remonte, il arrive que non seulement des communes, mais des cantons entiers, peut-être même des arrondissements, ne sont point visités (1). Dès lors les éleveurs

(1) Le Comice agricole d'Amiens, après avoir (dans l'excellent mémoire qu'il a bien voulu nous envoyer) attribué aux prix inférieurs payés par l'administration de la guerre, la difficulté de trouver des chevaux de cavalerie, en signale une seconde cause dans *la marche vicieuse des officiers de remonte dans leurs recherches*

« Combien n'est-il pas pénible (dit le Comice) pour ces agents, d'aller de « village en village quêter des renseignements souvent fort incertains, de faire « des démarches trop souvent infructueuses.

« Malgré leur zèle et leurs soins, après des déplacements et des dépenses « de séjour, ils rentrent au dépôt avec le regret de n'avoir pas réussi dans « leur mission. »

« Il en serait autrement si le préfet et le directeur du dépôt des remontes « arrêtaient à l'avance l'itinéraire des officiers.

« Il serait convenu, publié et affiché, que tel jour et à telle heure, dans « chaque chef-lieu de canton, se trouveraient réunis les chevaux des éle- « veurs, fermiers ou propriétaires.

« Le choix des diverses sortes deviendrait alors facile. »

« Le tarif pour chaque arme étant déterminé, les marchés se concluraient « publiquement, sans peine et sans débat ; car toutes les fois qu'un cheval « réunirait à la taille, les qualités nécessaires pour le service auquel il serait « destiné, le prix alloué par le gouvernement devrait lui être appliqué. »

sont admis à dire : que le mode de remonte est imparfait.

Et comment ne serait-il pas imparfait? un officier acheteur est seul, et sans contrôle dans sa circonscription; son jugement est faillible, il voit en beau ou en laid, il estime cher ou bon marché, souvent il prend un cheval qu'il faudrait laisser, et laisse celui qu'il faudrait prendre : constamment en rapport avec les mêmes personnes, il a ses amitiés et ses antipathies; il impose la loi, et souvent même par excès de zèle, il sert très mal l'état.

S. S. 1.

Pertes énormes éprouvées par la cavalerie.

» *Inhabiles à découvrir les ressources du pays, à les* » *utiliser, vous ne savez pas les ménager* (disent les » producteurs à l'administration de la Guerre), *vos ré-* » *sultats sont déplorables.* »

Quelque sévère que soit ce langage, il est appuyé sur des faits, motivé par des chiffres : le Comice hippique doit donc descendre sur ce terrain brûlant, pour y chercher la vérité.

Nous savons avec quelle rudesse le Conseil général d'agriculture a été repoussé, lorsqu'il a voulu faire entendre sa voix patriotique, et signaler les causes des pertes nombreuses éprouvées par notre cavalerie.

Nous aussi, sans doute, nous serons accusés *d'ignorance*, et l'on dira que *nos reproches sont inconsidérés.*

Mais nous manquerions à la mission que nous avons entreprise, si nous cachions la vérité au pays.

Les chevaux français rendent de meilleurs et de plus longs services que ceux de toute autre contrée(1).

(1) Rapport de la Commission des remontes.

Cependant, les pertes de notre cavalerie sont énormes, et hors de toute proportion avec celles éprouvées dans les autres pays.

Le remplacement qui, en Prusse, en Autriche, en Angleterre est calculé au 10me; était en France, estimé avant 1830 au 7me pour la garde, au 8me pour la ligne.

Longtemps, on a accusé de ces pertes anormales notre système de casernement, le peu d'espace accordé à nos chevaux, dans des écuries basses et étroites.

Cet état de choses a été amélioré, les chevaux qui n'étaient espacés qu'à 1 mètre, le sont aujourd'hui à 1 mètre 45 cent.; les écuries basses et étroites ont été converties en écuries vastes et aérées.

Les Chambres n'ont reculé devant aucun sacrifice réputé nécessaire, et 39 millions ont été votés par elles, pour l'assainissement et l'agrandissement des quartiers de cavalerie.

Sans doute nous ne pouvons recueillir encore tous les fruits de nos dépenses et nous n'obtiendrons jamais que des résultats imparfaits, tant que les conditions vraiment déplorables des infirmeries régimentaires ne seront pas modifiées, et que la position des vétérinaires militaires ne sera pas améliorée, principalement sous le rapport pécuniaire, et de manière à fixer les capacités dans l'armée.

Mais ce que nous devons constater, c'est que nos pertes vont toujours en augmentant (1); c'est que depuis 1835 (c'est-à-dire à peu près depuis l'époque où les dépôts de remonte ont pris le plus d'activité et d'extension), elles sont devenues encore plus sensibles.

(1) Discours de M. le Ministre de la Guerre.

M. le Ministre de la guerre s'est vu obligé de le reconnaître à la tribune : « *D'après un relevé exact*, a-t-il dit, *les pertes que nous éprouvons sont dans la proportion du 5*^me^ *au 6*^me^. »

En présence de ces chiffres, on s'inquiète de ce qui pourrait arriver en temps de guerre ; et le Comice hippique, amené à reconnaître la grandeur du mal, sans prétendre positivement en signaler les causes, se demande si l'organisation vicieuse des dépôts de remonte, où les chevaux, enlevés jeunes encore, à la liberté des herbages, au travail salutaire des champs, sont enfermés, quelquefois des années entières, avec des soins et un exercice insuffisants, n'est pas pour beaucoup dans cette augmentation de mortalité si tristement signalée.

Il faut attribuer aussi à l'extension des dépôts de remontes, et aux facilités qu'ils ont offert à l'administration, l'habitude contractée par elle d'acheter des chevaux plus jeunes qu'elle ne les acceptait précédemment.

Cette circonstance est pour beaucoup dans l'augmentation des pertes de la cavalerie. Sans doute l'administration répondra « qu'elle s'est trouvée dans la « nécessité de la subir. »

Nous n'apprécierons point le fait, il nous suffit de le constater.

S. II.

NÉCESSITÉ DE MODIFIER LE SYSTÈME DES REMONTES.

Moyens proposés.

« Nos pertes vont toujours en augmentant, jamais « elles ne sont dans la proportion de ce que la loi de

« finance accorde, et il existe un déficit constant (1). »

Le Comice entendant ce cri de détresse de l'illustre maréchal a dû se dire : *qu'un tel état de choses n'était point tolérable et qu'il exigeait impérieusement des modifications.*

La nécessité d'un changement dans le mode des remontes, étant une fois admise, le Comice hippique a dû examiner les moyens qui sont proposés.

S. S. 1.

Dépôts de poulains.

L'administration de la guerre avait projeté et commencé l'élève des poulains à son compte.

Ce système a quelque chose de séduisant pour les propriétaires ou éleveurs, qui, principalement dans les pays de petite culture, se trouveraient débarrassés, au bout de deux ans, des poulains qu'ils auraient fait naître, et qu'ils se trouvent hors d'état de conserver plus longtemps. Mais il ne résout pas la question, et présente des inconvénients d'une gravité extrême ; comme ils ont été signalés par les adversaires de la mesure, et que nous ne voulons point renouveler une discussion épuisée, nous ne les rappellerons pas ici. Cependant à l'assurance donnée par M. le président du conseil : « *Que tôt ou tard il faudra arriver à cette voie*, » nous répondrons par une considération péremptoire : nous la devons à la commission du budget de 1843.

« L'armée étant presque le seul consommateur de « chevaux de selle, si elle produit tous ceux qui lui

(1) Discours du Ministre de la guerre à la chambre des députés.

« sont nécessaires, l'industrie particulière cessera d'en « former. Alors, de deux choses l'une : ou le nombre « de poulains entretenus par l'administration suffira « seulement aux remplacements en temps ordinaire, et « la guerre survenant, la pénurie sera plus grande que « jamais, ou ce nombre sera assez grand pour subve- « nir aux circonstances extraordinaires, et, dans ce « cas, l'administration aura, en temps de paix, une « surabondance de produits dont elle sera embarras- « sée ; elle sera obligée de les vendre, et la voilà jetée « dans une voie dans laquelle ne saurait entrer une ad- « ministration publique. »

En présence d'une objection aussi puissante, ce système doit être condamné à jamais, aussi l'a-t-il été par vote des Chambres.

S. S. 2.

Achat direct, avantages de la concurrence.

L'achat direct par les corps est sûrement le mode de remonte le plus naturel, le moins dispendieux, le plus simple en application, le plus fécond en résultats, et la meilleure preuve que l'on puisse en donner, c'est que, dans tous les cas d'urgence, c'est à lui que l'on a eu recours.

Il présente sur le système actuel un avantage immense : celui de la responsabilité des achats.

Avec les dépôts de remonte, il n'y a point de responsabilité, ou du moins cette responsabilité est tellement partagée qu'elle devient illusoire.

En effet, si un cheval ne réussit pas au régiment, à qui l'autorité supérieure peut-elle faire un reproche mérité?

Est-ce à l'officier acheteur ? mais le cheval était peut-être bien choisi.

Est-ce au chef du dépôt ? mais les soins convenables ont peut-être été donnés sous ses ordres.

Est-ce au colonel du régiment? mais il est peut-être en droit d'objecter le contraire.

Dans le système opposé, l'officier achète ses chevaux, les amène et les suit au régiment; c'est lui qui veille aux soins à leur donner; c'est encore lui qui préside à leur éducation, et sa responsabilité cesse seulement au moment où ils entrent dans l'escadron. Il est facile d'apprécier tout ce que ce mode présente de garantie et d'avantages.

L'achat direct est réclamé par de bons esprits, par le conseil général d'agriculture, il le serait peut-être aussi par l'armée, si l'armée pouvait parler (1). Il a existé jusqu'en 1790, et aujourd'hui il compte de nombreux partisans.

Nous ne répéterons pas ici tout ce qui a été dit de bon à ce sujet, nous nous bornerons à signaler les avantages qui en résulteraient en faveur de la production, sous le rapport de la concurrence.

L'administration a cru faire une chose adroite, en

(1) Oh! en conscience, quoique je sois contrarié de ne pas me trouver du même avis que beaucoup de gens, sur l'histoire des dépôts de remonte, je ne puis m'empêcher de reconnaître leur vice et leur inutilité.

Leur institution peut paraître belle et séduisante dans le principe, mais en vérité leur application n'a été que fatale.

Chaque régiment fera beaucoup mieux ses affaires en famille, qu'en les laissant en des mains étrangères. . . . .

. . . .

Oui, je le répète, plus de remonte hors des régiments, si ce n'est pour des cas extraordinaires.

(*Spectateur militaire.*)

défendant aux commandants de dépôts d'effectuer, on d'ordonner des achats, hors de leur circonscription.

Par là elle a réalisé un monopole des chevaux propres à la remonte, entre les mains de l'officier, dans l'étendue de sa circonscription.

Contre tous les principes économiques, elle s'est effrayée de la concurrence de ses agents entre eux, et c'est cette concurrence seule qui pouvait et devait amener la production.

Que signifie cette crainte malhabile d'élever le prix des chevaux au-dessus de leur valeur réelle? un cheval n'a d'autre valeur réelle que celle qui lui est donnée par la demande.

Les postes, les diligences, les entreprises particulières et les services publics, ont fourni, par leurs besoins, un élément à la concurrence; qu'en est-il résulté? un grand essort imprimé à la production, et une amélioration sensible dans cette production.

Le commerce n'a pas craint, lui, de donner aux chevaux *une valeur au-dessus de leur valeur réelle, ou de diminuer le nombre des consommateurs.* Aussi on lui a fait d'autant plus de chevaux qu'il les recherchait davantage, et on les lui a fait d'autant meilleurs, qu'il les payait mieux.

Comment agissait pendant ce temps l'administration de la guerre?

Préoccupée de ses fausses idées, elle laissait périr l'élève des chevaux de luxe, dont elle prétendait monopoliser les produits.

Elle donnait, avec une parcimonie regrettable, des augmentations de 20 fr. à des éleveurs qui en perdaient 200.

Aussi qu'est devenue l'industrie de nos belles provinces?

La Normandie, si riche autrefois de la beauté de ses races, voit ses foires envahies par les chevaux allemands ou hollandais; elle a cessé d'élever ces chevaux que les soldats de la république et de l'empire avaient proclamé les premiers de l'Europe.

Le Midi abandonne le soin de ses espèces si précieuses, si recherchées jadis, pour se livrer à l'industrie mulassière.

Dans cette position, de jour en jour plus fâcheuse, nous devons dire à l'administration de la guerre: « Tout « le monde se retire de vous, ne le voyez-vous pas?

« Ah! s'il en est temps encore, appelez à votre aide « cette concurrence que vous avez redoutée, et qui « seule peut exciter la production. »

« Admettez l'achat direct par les corps, laissez arri- « ver les demandes au producteur, et bientôt il pourra « satisfaire à toutes vos exigeances. »

S. III.

DISPOSITION QUI ACCORDE DES CHEVAUX, AUX FRAIS DE L'ÉTAT, AUX OFFICIERS DE CERTAINS GRADES.

La disposition législative qui accorde, aux frais de l'état, des chevaux aux lieutenants et aux capitaines, est une de ces mesures que l'on ne doit attaquer qu'avec le plus grand ménagement.

Evidemment elle a été dictée par un esprit de bienveillance envers les officiers peu favorisés par la fortune, et son résultat médiat devait être favorable aux éleveurs.

Peut-être cependant l'expérience a-t-elle prouvé, ici encore, que la pratique n'est pas toujours d'accord avec la théorie.

En accordant des chevaux aux officiers, et en attribuant l'achat de ces chevaux aux dépôts de remonte, le gouvernement a prouvé son désir, que ces chevaux fussent achetés en France, et il a fait acte de munificence, car il a pris à son compte une charge fort lourde.

Nul doute qu'il n'y eût économie pour le gouvernement, à donner une somme fixe aux lieutenants et aux capitaines, pour se monter, plutôt que de leur fournir des chevaux qui rarement leur conviennent parfaitement, et souvent tournent très mal entre leurs mains.

Il s'agit seulement de savoir si le libre emploi de cette somme, fait individuellement par les officiers, serait aussi profitable au pays, et si beaucoup de chevaux étrangers ne s'introduiraient point, par cette voie, dans les régiments, au détriment de la production nationale.

Nous reconnaîtrons que ce résultat est très probable, surtout pour les régiments en garnison sur les frontières du Nord.

Mais nous pensons qu'il sera peu à craindre (si l'on admet la modification dans la loi de douane dont nous allons parler tout à l'heure), car ces achats à l'étranger auraient pour résultat l'introduction en France d'un certain nombre de juments distinguées, qui deviendraient des mères recommandables.

Ce qui nous préoccupe davantage pour le présent et l'avenir, dans la disposition dont nous nous occupons, c'est son effet moral.

Nous le regardons comme tout-à-fait propre à étouffer le goût du cheval chez les jeunes officiers, et nous craignons de voir disparaître les derniers amateurs, sur lesquels la production pût encore compter.

Autrefois les officiers de cavalerie, jeunes gens de naissance et de fortune, habitués dans la maison paternelle aux exercices du corps, avaient le goût de l'équitation.

Ils possédaient plusieurs chevaux, c'était là leur luxe et leur plaisir. En suivant la carrière des armes, ils ne faisaient que continuer la vie qu'ils avaient librement choisie, celle qu'ils aimaient.

Aujourd'hui tout est changé, ce n'est plus le goût qui pousse un jeune homme dans la carrière militaire, ce ne sont point les habitudes de son jeune âge, c'est la nécessité de se créer un état.

Un officier qui a de la fortune, est une heureuse et rare exception dans un régiment.

Dans cette position, les officiers, réduits à leurs simples appointements, se trouvaient souvent dans l'impossibilité de se monter d'une manière satisfaisante.

Le gouvernement a cru, en leur concédant des chevaux, remédier au mal; suivant nous, il n'a fait qu'y ajouter.

Il fallait (puisque nous devons subir les conséquences de notre état social et démocratique) augmenter le traitement des officiers, dans les grades inférieurs, ou, préférablement, leur accorder une somme fixe pour se monter; mais il fallait aussi les mettre dans l'obligation de s'occuper de leur cheval, et d'acquérir les connaissances qui leur manquent.

Il fallait qu'ils fissent aujourd'hui par nécessité, ce qu'ils auraient fait autrefois par plaisir.

Les connaissances fussent venues avec l'habitude, le goût avec les connaissances.

Aujourd'hui, il est impossible que ces connaissances se développent, en l'absence de tout intérêt, et sans avoir été préparées de longue main, par une éducation spéciale.

Est-ce avec un cheval qui ne lui offre ni le charme de la propriété, ni l'agrément de la convenance, que l'on prétend initier le jeune officier à la science hippique, à laquelle son esprit n'est convié par aucun attrait, son corps préparé par aucune habitude? Ne le croyez pas.

Quant à nous, nous pensons qu'il y aurait bien moins d'inconvénient, à l'introduction de quelques chevaux étrangers en France, qu'il n'y a de danger à désintéresser complétement dans l'achat et la propriété de leurs chevaux, une grande partie de nos officiers.

Nous regardons que l'état doit leur fournir les moyens de se monter; il dépendra de leurs chefs qu'ils le soient convenablement.

Leur présence sur les marchés français, où leurs besoins les appelleront, sera une heureuse concurrence faite à l'omnipotence des officiers de remonte, et au monopole exercé par eux, voilà pour le côté commercial de la question.

Mais le point de vue militaire est plus grave. Nos officiers sans fortune, dont le nombre augmente tous les jours, ne sont point, en quittant la maison paternelle, cavaliers par habitude, ils ne le sont point par éducation dans les écoles militaires (1), ni par goût dans les régiments. Peuvent-ils le devenir par routine ?

Il nous est permis d'en douter et de concevoir des craintes pour l'avenir de nos troupes à cheval, si l'on ne réforme pas la mesure que nous attaquons.

S. IV.

INSTITUTIONS RÉCLAMÉES DANS L'INTÉRÊT DE LA PRODUCTION CHEVALINE.

Nous avons apprécié les institutions existantes, et signalé les modifications et les améliorations dont nous les croyons susceptibles : il nous reste à réclamer des mesures nouvelles dont nous attendons un heureux effet, pour répandre la science de l'équitation, populariser le goût du cheval et développer sa production en France.

Le gouvernement parlementaire, plus dispendieux qu'un autre dans ses rouages, mais plus parcimonieux dans ses principes, en est arrivé à détruire en France, par forme d'économie, tous les établissements qui pouvaient servir à propager les connaissances hippiques, et à répandre le goût du cheval dans la jeunesse.

L'ancienne monarchie avait eu le manége des rois et celui de l'école militaire, fécondes pépinières de nos grands écuyers; l'Empire, les écoles de Versailles et de Saint-Germain, où les jeunes officiers venaient dès l'âge de 15 ans, apprendre à monter à cheval.

(1) Deux ans passés à Saumur, dans un âge où l'homme est déjà formé, ne suffisent point pour faire un cavalier.

Nous avons répudié le legs de la monarchie et de l'Empire.

Ecole de cavalerie, manéges, tout a été supprimé, même celui de Saint-Cyr. Puis, l'amour de l'économie, dégénérant en rage de destruction, dans le moment où l'on supprimait les établissements militaires, on arrivait à frapper aussi les écoles civiles : on leur retirait les subventions qui leur étaient nécessaires, pour exister avec convenance et utilité pour le pays.

Nous avons tout renversé, alors qu'il devenait plus nécessaire d'édifier.

Le niveau social tend à passer sur toutes les fortunes, l'aristocratie disparaît, la propriété se divise; il faut remplacer les forces qui s'éteignent par une force nouvelle.

L'Etat, qui représente la grande communauté, doit se substituer à l'aristocratie et à la grande propriété. A lui le rôle de protecteur, à lui l'initiative de l'exemple, à lui aussi les dépenses que nos fortunes amoindries ne peuvent plus supporter.

On sait combien la tenue des chevaux est difficile et coûteuse, l'administration, plus qu'un autre, doit en avoir la conscience.

Les fréquentes mutations dans les entreprises particulières, les crises qui les accompagnent, signalent assez les difficultés de ce genre d'industrie; il est urgent que l'Etat intervienne, si ce n'est par lui-même, au moins par une active et bienveillante coopération.

Il a fait assez pour les arts d'agrément, qu'il s'occupe aussi des arts utiles.

Nos théâtres subventionnés, nos artistes enrichis et honorés tout à la fois, témoignent de sa sollicitude :

qu'elle s'étende aux débris de l'ancienne équitation française.

Que ces gloires, nationales aussi, soient tirées de l'oubli et de l'abandon ; qu'elles revivent dans une création digne de notre époque de perfectionnement.

S. S. 1.

Création d'une école nationale d'équitation.

Une école normale d'équitation fondée par le gouvernement, et placée sous la direction du ministère de l'agriculture, devrait être, pour l'équitation civile, ce que l'école de Saumur est pour l'équitation militaire.

Son organisation serait un service rendu au pays, une source d'émulation pour l'armée ; elle formerait des écuyers destinés à remplacer ceux qui bientôt nous manqueront, et emporteront avec eux les anciennes traditions.

Sans doute, il est bon d'emprunter aux étrangers, il est beau d'avouer son infériorité lorsqu'elle est véritable, et d'arriver, par l'imitation, à égaler nos modèles. Mais pourquoi nous borner à la servilité du calque et dépouiller entièrement le type national.

Nous sommes partisans des courses, comme épreuves de fonds, nous l'avons dit ; mais nous ne croyons pas que tous les encouragements à donner à l'élève du cheval et à la science hippique, doivent être affectés exclusivement aux courses.

Chez nous, comme chez nos voisins, elles auront leurs aberrations, et seront détournées de leur but.

Celui que nous nous proposons, c'est de favoriser et répandre à la fois, le goût, la science et la production du cheval : il faut donc diviser nos encouragements.

Tandis que d'une main nous délivrerons des couronnes, bien acquises sans doute, aux vainqueurs de l'hippodrome, donnons des récompenses, non moins méritées, aux professeurs de la science, aux continuateurs des d'Absac et des Chabannes.

Que l'école nationale soit fréquentée par les jeunes gens qui se destinent aux écoles polytechnique, de Saint-Cyr, des eaux-et-forêts, etc.

Que des examens sur la science hippique soient imposés aux concurrents.

Ce sera leur rendre un véritable service à eux-mêmes, car c'est dans le jeune âge seulement que l'on peut s'initier avec succès à la pratique de l'équitation.

Ce sera répandre parmi la jeunesse des connaissances dont elle devra profiter tôt ou tard, et qui contribueront indirectement, mais d'une manière efficace cependant, à la propagation et à l'amélioration du cheval léger.

S. S. 2.

Modification de la loi de douanes relativement à l'importation et l'exportation des chevaux.

Il est encore une mesure que le Comice hippique doit réclamer de l'administration et des chambres, c'est la modification de la loi de douanes, en ce qui concerne l'importation des chevaux étrangers.

Nous n'ignorons point toute la gravité qui s'attache d'ordinaire aux questions de douanes, nous savons que la loi qui règle nos rapports internationaux est une sorte d'Arche-sainte, à laquelle il est pour ainsi dire défendu de toucher.

En effet la faveur réclamée à l'égard d'une industrie est souvent de nature, si elle est accordée, à provoquer des représailles qui frapperaient une autre industrie.

Telle n'est pas heureusement notre position.

L'agriculture, peu habituée aux faveurs des tarifs, ne réclame point, par notre bouche, de droits plus élevés, pour l'introduction des chevaux étrangers ; à plus forte raison, elle ne sollicite pas leur prohibition absolue, il ne s'agit ici que d'une simple modification.

Cette modification ne peut provoquer aucune hostilité chez nos voisins, et son résultat doit avoir un grand intérêt pour la production nationale.

L'importation annuelle des chevaux étrangers est en moyenne d'environ 16,000 par an.

Ces 16,000 chevaux se divisent en trois catégories :

Entiers,

Hongres et juments,

Poulains et pouliches.

Les première et dernière catégories réunies forment à peine le quart de l'importation.

Les 3[4 restants se composent de chevaux hongres et de juments ; ces dernières y sont au moins pour moitié.

Eh bien, nous demandons, que tous les droits sur les juments et pouliches, soient supprimés ; et que ces mêmes droits soient reportés sur les chevaux et poulains de manière à doubler la prime d'importation qui les frappe aujourd'hui. Nous demandons en outre, que cette mesure soit établie pour dix ans.

Pour réclamer cette modification, nous nous basons sur le principe constamment observé par le législateur, lorsqu'il s'est agi de l'établissement du tarif des douanes.

Faveur pour les denrées premières propres à la fabrication. *Droits* sur les marchandises fabriquées.

Pour nous, les matières premières, propres à être mises en œuvre par l'industrie française, ce sont les juments et pouliches dont on peut tirer race.

La marchandise fabriquée, ce sont les chevaux hongres qui viennent, sans utilité pour le pays, prendre sur nos marchés la place d'un produit français.

Nous sommes obligés de ranger les chevaux entiers dans la même catégorie que les chevaux hongres, à cause de la facilité que donnerait une castration postérieure pour éluder l'application de la disposition précédente.

Si cependant l'on voulait favoriser l'introduction d'étalons étrangers, il s'agirait seulement de stipuler que le droit serait remis, avec une bonification du double, aux chevaux entiers qui seraient approuvés par l'administration des haras et auraient fait la monte pendant une saison au moins.

La loi de douane, devant opérer en sens inverse à l'exportation, les mesures à appliquer seraient la contre-partie nécessaire et naturelle du même système.

Ainsi, pendant dix ans, les juments et pouliches, les chevaux et poulains entiers, ne pourraient être exportés; ils resteraient dans le pays, pour être utilisés à la fabrication (si nous pouvons nous exprimer ainsi) des chevaux hongres, qui, eux, au contraire, comme marchandise fabriquée, jouiraient de toute liberté d'exportation.

Le Comice regarde que l'application de ces mesures ne peut apporter aucun trouble dans nos relations commerciales avec les pays voisins.

En effet, il ne s'agit point de restreindre l'importation, de la frapper de nouveaux droits, mais seulement de la modifier, dans l'intérêt de notre industrie agricole, qui peut prétendre aux mêmes égards que les autres industries nationales.

Mais pourquoi parler de l'industrie agricole ? c'est le pays tout entier qui est intéressé dans la question. Si l'on s'occupe de favoriser les producteurs, c'est pour augmenter et améliorer la production, reconnue insuffisante et impropre à satisfaire les besoins du pays en temps de guerre.

C'est donc l'intérêt national qui est en cause, c'est lui, lui seul qui nous préoccupe.

Cette idée nous a constamment suivi pendant le cours de notre travail, c'est elle qui a présidé à la formation du Comice, c'est elle qui l'a occupé pendant ses délibérations, c'est encore elle qui a tracé le cercle d'investigations dans lequel nous avons dû nous renfermer.

Les rayons de ce cercle convergent tous au même centre, comme les membres du Comice tendent tous au même but : « Le développement de la production « nationale, et son amélioration dans l'intérêt du pays. »

CONCLUSION.

En recherchant les moyens propres à obtenir le résultat demandé, nous avons dû nécessairement apprécier ce qui est, combattre ce qui nous a paru mauvais, dire ce qui nous semble bon.

Dans le cours de la discussion, nous aurons sans doute contrarié quelques idées, blessé quelques susceptibilités, c'est le propre de la polémique, même la plus inoffensive.

Pour ce qui nous est personnel, nous avons éloigné

de nous tout esprit d'hostilité, toute préoccupation antérieure ; nous avons cherché la vérité.

Cette vérité est triste, car le mal est grand ; mais le remède est à côté du mal.

« La France est dans une position exceptionnelle,
« quant à la production chevaline, il faut l'en faire
« sortir.

« Nous manquons d'un cheval léger, propre à l'a-
« griculture, au roulage accéléré ; au luxe, pour la selle
« et l'attelage ; à l'armée, pour la cavalerie et l'artil-
« lerie. Il faut créer cette nouvelle race, et modifier les
« conditions du travail imposé aux chevaux, puisque ces
« conditions la rendent presqu'impossible aujourd'hui. »

« La position des éleveurs est mauvaise, il faut la rendre bonne. »

« Avec des économies mal entendues, on est arrivé à des dépenses exorbitantes. »

« Avec des intentions bienveillantes, à des résultats déplorables. »

« Il y aurait folie à persévérer dans le système qui
« nous a réduits où nous en sommes, et l'administra-
« tion engagerait grandement sa responsabilité, si elle
« continuait à suivre la même voie ; ce système doit
« être abandonné.

« On ne comprend pas la gravité de la position, quand
« on se préoccupe d'abord de perfectionnements. Avant
« de songer à améliorer les races, il faut commencer
« par améliorer les conditions de la production.

« Il faut rendre le cheval de guerre faisable en
« France, avant d'aller demander à l'Orient des gé-
« nérateurs que l'on ne trouvera peut-être pas à
« utiliser, par le manque de producteurs.

« Il faut montrer aux agriculteurs l'honneur à côté « du profit, et surtout ne point accuser le pays d'im- « puissance, quand il se plaint à bon droit qu'on ne « sait pas employer ses ressources.

« Si les institutions sont vicieuses, comme nous « croyons l'avoir établi, elles doivent être réformées.

« Il faut créer celles qui nous manquent, et dont « le besoin se fait si vivement sentir.

« Il faut que le législateur s'occupe de développer « dans le pays, un des éléments de sa richesse, une « des premières garanties de sa force.

« Il faut enfin modifier un état de choses tel, que « M. le Ministre de la guerre a pu dire à la tribune :

« *Il est certain que si ce système se prolongeait da-* « *vantage, il y aurait un préjudice notable, non seu-* « *lement pour les finances de l'état, mais encore pour* « *le service de la cavalerie; et la force effective, la force* « *réelle du pays, en serait d'autant plus affaiblie.* »

Le lieutenant général,

Comte **A. DE GIRARDIN**,

Vice-Président.

Le lieutenant général,

Duc de **GRAMONT**,

Président du Comice.

Le Marquis de **TORCY**,

Rapporteur.

STUD-BOOK.

En 1791, M. Wetherby publia une introduction au général Stud book, qui consistait en une petite collection de Pedigrees, extraits des racing calendars et des catalogues de ventes.

En 1827, il a publié un Stud Book général, contenant les Pedigrees depuis les plus anciens rapports jusqu'à l'année 1826 inclusivement. Le Stud Book a été régulièrement continué depuis et est à son 5e volume.

Importations de chevaux orientaux en Angleterre.

Année 1121. — Un cheval arabe, introduit sous le règne d'Henri Ier, n'a laissé nulle trace.

De 1603 à 1625. — Commencement véritable des courses de chevaux.

Achat par Jacques Ier de M. *Markham*, d'un petit cheval arabe, pour 500 livres, somme énorme à l'époque. — Ce cheval, quoique bon, fut déprécié par le duc de *Newcastle*, et pendant près d'un siècle les chevaux arabes furent discrédités.

— Après ce cheval parurent le *Place's White turk*, turc, acheté par Jacques Ier, de M. *Place*, qui devint plus tard chef du haras de Cromwell.

— *Helmsley turk* au duc de Buckingham.

— *Fairfax's morocco barb.*

— Dès cette époque, lord Harleigh se plaignait de ce que les chevaux devenaient trop légers, et de ce que l'on sacrifiait tout à la vitesse.

De 1625 à 1648. — Charles Ier. — Etablissement de courses à *Hyde Park* et à *Newmarket.*

De 1648 à 1658. — Cromwell. — Haras de Cromwell.

De 1660 à 1685. — Restauration. — Charles II.

Rétablissement des courses de Newmarket. Prix royaux (*royal plates*). Achat, dans le Levant, par le grand écuyer (*master of the horse*), de juments orientales, qui ont reçu depuis le nom de juments royales (*royal mares*). Elles étaient surtout barbes et turques.

De 1685 à 1708. — Nombreuses importations de toutes les variétés de sang oriental. Barbes, turques, persannes.

De 1708 à 1714. — Retour au sang arabe plus pur par l'introduction de *Darley's arabian* (arabe de M. Darley), père de *Childers*, ce qui releva la réputation de ce sang, méprisé depuis le duc de Newcastle.

ANCIENS ÉTALONS ORIENTAUX NOTÉS AU *Stud-Book.*

1° *L'Arabe.* — Acheté de M. Markham, par Jacques Ier.

2° *Helmsley turk.* — Au duc de Buckingham.

3° *Place's White turk.* — Acheté par Jacques à M. Place.
— *Royal mares.*

4° *Dodsworth.* — Né en Angleterre, conçu en Barbarie, produit par une royal mare. Barbe pur.

5° *Lister turk.* — Ramené du siége de Bude par le duc de Berwick, sous le règne de Jacques II.

6° *Byerly turk.* — Cheval de guerre du capitaine Byerly en 1689. Père de plusieurs bons chevaux.

7° *Greyhound.* — Bon père barbe.

8° *D'Arcy White turk.* — Bon père.

9° *D'Arcy Yellow turk.* — Bon père.

10° *Selaby turk.* — Bon père.

11° *Curven's bay barb.* — Excellent étalon envoyé à Louis XIV par Muly Ishmaël, roi de Maroc, ramené par M. Curwen, qui l'avait eu d'un seigneur de la cour.

12° *Thoulouse barb.* — Très bon étalon, même origine, ayant appartenu au comte de Toulouse, fils naturel de Louis XIV.

13° *Darley's arabian.* — M. Darley d'Yorkshire se l'était procuré par l'entremise de son frère, marchand dans le Levant. Acheté à Aleps, élevé dans le désert de Palmyre.
— Père de Flying Childers, le cheval le plus vite de son temps, courant un mille en une minute (mort en 1741).
— Père de Bartlett's Childers, excellent étalon, jamais traîné.
— Bisaïeul d'Eclipse.

14° *Sir William's turk.* — N'a couvert qu'une jument, mère des deux true blues.

15° *Belgrade turk.* — Pris au siége de Belgrade par le général Merci (mort en 1740).

16° *Crost's bay barb.* — . . . .

17° *Godolphin arabian.* — BARBE, aïeul maternel d'Eclipse, se retrouve dans presque tous les meilleurs Pedigrees. Mort en 1753, à 29 ans. } Acheté à Paris à la charrette d'un porteur d'eau.

18° *Cullen arabian.* — Assez bon père. (mort en 1761).

19° *Coomb arabian.* — dito.

20° *Compton barb.* — Bon père.

21° *Vernon arabian.* — Médiocre.

22° *Wellesley grey arabian.*
23° *Wellesley chesnur arabian.* } Ni BARBES ni arabes. Sang mélangé des deux.

RÉSUMÉ DU TABLEAU PRÉCÉDENT.

	ARABES PURS.	TURCS.	BARBES.	INCERTAINS.
	—	—	—	—
	1°	2°	4°	22°
	13°	3°	7°	23°
	18°	5°	11°	
	19°	6°	12°	
	21°	8°	20°	
		9°		
		10°		
		14°		
		15°		
		16°		
		17°		
TOTAL.	5 arabes purs	11 turcs.	5 barbes.	2 incertains.

www.ingramcontent.com/pod-product-compliance
Ingram Content Group UK Ltd.
Pitfield, Milton Keynes, MK11 3LW, UK
UKHW022127190726
13855UKWH00003B/1060

9 782013 443326